制药工程实验教程

主　编　黄剑东

副主编　唐凤翔

编　委　（以姓氏笔画为序）

万东华　李兴淑　陈海军　邵敬伟

郑允权　郑碧远　柯美荣　高　瑜

唐凤翔　黄剑东

华中科技大学出版社

中国·武汉

内 容 提 要

本书分为六章，内容包括制药工程实验基础知识、生物化学实验、药物化学实验、药剂学实验、药物分析实验和专业综合实验。全书有机融合了生物化学、药物化学、药物合成反应、工业药剂学、药物分析、制药分离工程、制药工程安全与环保等制药工程专业的核心课程相关内容，书中的每一个实验项目均包括实验目的，实验原理，实验仪器、试剂与材料，实验内容，实验注意事项，讨论与思考等。本书旨在通过专业实验训练，促使学生更好地掌握制药工程的基础知识和实验研究技能，培养学生制药工程实践创新能力。

本书可作为高等院校制药工程及相关专业的实验教材，也可作为高职高专院校相关专业实验实训教学的参考教材。

图书在版编目(CIP)数据

制药工程实验教程/黄剑东主编. —武汉：华中科技大学出版社，2023.12
ISBN 978-7-5772-0108-5

Ⅰ. ①制… Ⅱ. ①黄… Ⅲ. ①制药工业-化学工程-实验-教材 Ⅳ. ①TQ46-33

中国国家版本馆 CIP 数据核字(2023)第 225457 号

制药工程实验教程 黄剑东 主编
Zhiyao Gongcheng Shiyan Jiaocheng

策划编辑：王新华
责任编辑：王新华
封面设计：原色设计
责任校对：朱 霞
责任监印：周治超
出版发行：华中科技大学出版社(中国·武汉) 电话：(027)81321913
武汉市东湖新技术开发区华工科技园 邮编：430223
录 排：华中科技大学惠友文印中心
印 刷：武汉开心印印刷有限公司
开 本：787mm×1092mm 1/16
印 张：8.5
字 数：223 千字
版 次：2023 年 12 月第 1 版第 1 次印刷
定 价：36.00 元

前　言

党的二十大报告指出，教育、科技、人才是全面建设社会主义现代化国家的基础性、战略性支撑。必须坚持教育优先发展、科技自立自强、人才引领驱动，加快建设教育强国、科技强国、人才强国，坚持为党育人、为国育才，全面提高人才自主培养质量。制药工程专业是基于化学、药学和工程学的交叉学科专业，肩负着为医药产业培养骨干人才的重任。制药工程实验是制药工程专业教学的重要环节。为培养制药工程专业本科生的专业实验技能，培养学生的工程实践和创新能力，我们编写了本书，以具体行动贯彻落实党的二十大精神。

本书的实验内容涉及制药工程专业的基础课、专业基础课和专业课，包括制药工程实验基础知识、生物化学实验、药物化学实验、药剂学实验、药物分析实验和专业综合实验等部分，涵盖了药物合成、提取分离、药物检测及药物制剂等药品生产过程的主要环节，书中的每一个实验项目均包括实验目的，实验原理，实验仪器、材料与试剂，实验内容，实验注意事项，讨论与思考等。本书的专业综合实验大多是由专业教师的科研成果转化而来的原创项目，通过教学内容的精心设计，具有工程训练属性（中试规模），而且较为安全环保，适合在校内开展实验教学；实验内容体现了综合性和高阶性，需要学生综合运用制药工程各相关学科的基本理论和基本技能才能顺利完成，有利于培养学生解决复杂工程问题的实践创新能力。

本书由福州大学黄剑东担任主编并统稿，福州大学唐凤翔任副主编，福州大学邵敬伟、万东华、郑允权、陈海军、李兴淑、柯美荣、高瑜、郑碧远参与了编写工作。书稿编写过程中参考了国内外相关文献，在此谨向著作者表示诚挚的感谢。本书的编写获得了福州大学本科教材立项资助，得到了华中科技大学出版社的大力支持，在此深表感谢。

由于编者水平有限、经验不足，书中不妥之处在所难免，敬请读者批评指正。

编　者

2023 年 8 月

目 录

第1章

制药工程实验基础知识

第1节　实验室基本规则和安全

一、实验室基本规则

(1)遵守实验室制度，保证实验室的安全，防止爆炸、着火、中毒、触电、漏水等事故。如有意外，应及时向指导教师汇报。

(2)在实验室内须穿戴实验服、手套、防护眼镜、鞋子，必要时戴防护口罩。不得穿拖鞋、凉鞋、高跟鞋、短裤和短裙。在办公室等非实验室地方须脱下实验服和手套。

(3)实验室内不得吃饭和吸烟，不得喧哗和拥挤。禁止在实验室用各种电子媒体看电视、看电影、打游戏等。

(4)对试剂应妥善保管，使用完毕后应按要求归位。用完的仪器要及时清理，放置于实验柜中。如损坏设备，要及时填写损坏报告，说明损坏的原因。节约水电及试剂。

(5)要保持实验桌整洁。废弃的固体物质如滤纸等要丢入废物缸内，不能扔进水槽、下水道或扔至窗外，以防污染。实验废液，要按照类别分别倒进专门的废液桶中，并由专门的人员进行集中处理，严禁直接倒入下水道。

(6)保持实验室干净。完成实验后，清理实验室的公共设备，清理实验台和地面，清理垃圾桶，检查门、窗、水、电、气等是否关好。

二、有毒、腐蚀性、易燃易爆和生物危害试剂的使用规则

(1)各级各类实验室使用的化学药剂，均应由药品管理人员统一采购，未经批准，严禁擅自购买。购买有毒、易制毒的药品，必须取得公安机关的批准，并持有许可证方可进行购置。

(2)化学药品要分类储存，所有的药品都要有清晰的标志，储存间和柜子要保持整洁。具有特定性质的药物应根据其特点进行储存。无名物及变质、过期的药物要立即清理、销毁。

(3)从事化学危险品实验的人员，必须经过专业的安全技术训练，熟悉所用药物的性质和使用方法。尤其是在使用易燃易爆、剧毒、致病性等危险化学品时，不能盲目进行，要有相应的操作规范，并按照国家、行业的有关规定，严格遵守。

(4)使用有毒试剂时，必须在通风橱中完成。实验结束后，应及时洗手、更换实验服。

(5)使用腐蚀性或刺激性试剂时，必须戴上橡胶手套和防护眼镜，在通风橱中完成，倾倒时勿正面俯视。

(6)取用易燃易爆试剂时,必须戴上防护眼镜,在通风橱中完成,禁止震动、撞击,及时清理散落的试剂。

(7)实验室产生的废液废料,不能随意丢弃,不能直接排放到地面、地下管道和其他水源,以免对环境造成污染。对于实验废液废料,要有相应的无害化处理措施,实在无法处理的不得私自排放,对于废液要采用专用容器分类存放,防止渗漏、丢失造成二次污染。

(8)对包括动物尸体在内的生物实验室废物,采用专门的容器进行收集,高温、高压灭菌。对接触溴化乙锭致癌物的物品和生物实验中的一次性手套,必须集中处理,不可随意丢弃于一般垃圾桶。

三、实验室常用玻璃器皿的安全使用

(1)当进行减压处理、加热容器等易造成玻璃破碎的操作时,应佩戴防护眼镜。

(2)切勿使用有裂痕的玻璃制品,须将其丢弃到碎玻璃回收桶内。

(3)避免将加热的玻璃杯置于过冷的台面上,避免因温度的剧烈改变而导致玻璃器具破裂。

(4)要小心地把破碎的玻璃器皿清理干净,戴厚的手套把它们裹在废纸里面,然后扔进专门的垃圾箱。

(5)拿取较大的试剂瓶时,不要只取颈部,应用另一只手托住底部,或放在托盘架中。

(6)在将玻璃管插入橡胶管或橡胶塞中时,必须佩戴保护手套。先用火焰把玻璃管子的两头烧平滑,然后在接口处涂上油或水作为润滑剂。对于黏合的玻璃器具,不可用力拉动,以免伤手。

(7)在进行减压蒸馏时,应采取适当的防护措施(如使用有机玻璃隔板),以避免因玻璃容器的爆炸、破碎而导致人身伤亡。

四、实验室灭火常识

(1)一旦发生火灾,应保持冷静并立即采取相应措施,以减少事故损失。发生火灾时,应立即停止加热,关闭燃气总阀,切断电源,并将所有的可燃物品转移到远处。如果电气设备起火,应首先断电,然后使用四氯化碳灭火器或者使用干粉灭火器进行灭火。

(2)在烧杯、烧瓶、热水漏斗等容器中发生的局部小火,可用湿布、石棉网或表面皿来扑灭。

(3)当有机溶剂在桌上或地上蔓延并起火时,不要用水灭火,可以洒上干沙或用石棉布来扑灭。火势较大时,使用泡沫灭火器来扑灭。

(4)对由钠、钾、镁、铝等活泼金属引发的火灾,采用干沙进行覆盖。禁止使用水、四氯化碳灭火器以及二氧化碳灭火器,否则会引起剧烈的爆炸。

(5)衣物着火时,不要惊慌地奔跑,以防风助火势,要迅速脱掉衣物。一般可以用湿抹布、石棉布等来扑灭小火。如果火势很大,可以用附近的水管将其浇灭。必要时可就地卧倒打滚,起到灭火的作用。

(6)在反应期间若发生冲料、渗漏、油浴等着火,都是非常危险的,处理不好会使火势进一步恶化。灭火的有效办法是在着火部位裹上多层石棉,使之与空气隔离,再洒上细沙。如果还是不行,必须使用灭火器,从火场的周围逐步扑灭。

五、实验室一般伤害的救护

(1)玻璃划伤:对轻微外伤,应立即挤压出血,用消毒的镊子取出碎玻璃,用蒸馏水冲洗,涂抹碘酒,然后用创可贴或纱布包裹;对于较大的伤口,要马上用止血绷带包扎,止血后马上送往医院。

(2)烫伤:被火焰、蒸汽、热玻璃、铁器等灼伤,要马上用大量的清水冲洗或浸泡,以防止高温灼伤。对于轻度烧伤,可以用鱼肝油、烫伤油或万花油涂抹伤口。如皮肤出现水疱(2 度烧伤),切勿将水疱划破,以防感染;如烧伤部位为褐色或黑色(3 度烧伤),用干净、消毒的纱布轻轻包裹,迅速送往医院。

(3)冻伤:冻伤的应急处理是尽快脱离现场环境,快速复温。迅速把冻伤部位放入 37～40 ℃的水中浸泡复温 20 min。对于颜面冻伤,可用 37～40 ℃恒温水浸湿毛巾,进行局部热敷。在无温水的条件下,可将冻伤部位置于自身或救助者的温暖体部(如腋下、腹部或胸部),以达到复温的目的。

(4)受酸腐蚀致伤:如果沾上浓硫酸,切勿用水冲洗,先用棉布吸取浓硫酸,再用大量水冲洗,然后用饱和的碳酸氢钠溶液(或稀氨水、肥皂水)清洗,最后用水冲洗。如有起泡,可涂抹龙胆汁。对于其他酸烫伤,先立即清洗,再进行治疗。若有酸液滴在眼睛上,可用清水冲洗,然后用 5%碳酸氢钠溶液清洗,送往医院。

(5)受碱腐蚀致伤:首先用大量的清水冲洗,接着用 2%乙酸或饱和的硼酸溶液清洗,然后用清水清洗,最后涂抹凡士林。

(6)受溴腐蚀致伤:用一定体积的 25%氨水加等体积的松节油和 10 倍体积的乙醇组成的混合液清洗(或用 20%硫代硫酸钠溶液冲洗),再用水冲洗。

(7)苯酚灼伤:立即用 30%酒精擦拭数遍,再用大量清水冲洗干净,然后用饱和的硫酸钠溶液湿敷 4～6 h,因为酚类物质用水稀释成 1∶1 或 2∶1 的浓度,会使皮肤损伤加重而增加酚吸收,故不可先用水冲洗污染面。

(8)毒物进入口内:一般用食盐水、肥皂水、3%～5%碳酸氢钠溶液或 5～10 mL 稀硫酸铜溶液洗胃,内服后,用手指插入喉咙,促使其呕吐,吐出毒物,再服下生蛋白、牛奶、面汤等解毒剂,并及时送往医院。

(9)吸入刺激性或有毒气体:立即疏散中毒人员,移至通风处,以保证其能呼吸到新鲜空气。另外,将中毒的人身上的衣服解开,让其呼吸顺畅,并且要注意保暖。如果中毒的人有呼吸困难,应立即给予氧气;当呼吸和心跳停止时,立刻实施心肺复苏。

(10)皮肤接触有毒或刺激性化学物质:马上脱掉被污染的衣服,并用大量的清水清洗干净。但当有毒物质能和水反应时,应先用湿布或湿毛巾擦拭,然后用清水清洗。清洗时避免使用温水,避免增加对毒物的吸收。

第 2 节　实验预习、记录和报告

一、实验预习

实验预习是制药工程实验的重要环节，对保证实验成功、有收获起着至关重要的作用。实验前，必须认真预习实验教材，并根据实验内容查阅相关书籍等文献，理解实验的基本原理和步骤，提前思考实验的关键点、难点及可能存在的安全问题，提前掌握实验所涉及的各种试剂的理化性质和安全知识，提前熟悉相关仪器设备和玻璃器皿的使用规范，根据指导教师的安排撰写实验预习报告。指导教师可以拒绝未进行实验预习的学生进行实验。

二、实验记录

实验记录是科学研究的第一手资料，记录的准确完整与否直接影响到对实验结果的分析。实验过程中，须认真观察实验现象，及时、如实、详细地做好记录。对于实验过程中所使用的仪器的名称和厂家、试剂规格、化学结构式、浓度、体积等，都必须记录。完整的实验记录内容一般包括实验日期、气候环境、实验题目、操作步骤、原始数据、实验现象、实验结果等。

三、实验报告

实验报告是在实验结束后对实验过程的归纳、总结和整理，是对实验现象和结果进行分析和讨论，也是整个实验的一个重要组成部分。学生应独立并及时完成实验报告的撰写。实验报告内容一般包括实验名称、实验日期、实验目的和要求、实验原理、实验仪器和试剂、实验步骤和现象、实验结果与讨论、实验心得体会等。实验报告格式可参考图 1-1。

××××大学××××学院　实验报告

实验名称：

学生姓名：	专业班级：	学号：
实验日期：	实验地点：	气温：
合作者姓名：	指导教师：	成绩：

一、实验目的和要求

二、实验原理

三、实验仪器（包括仪器名称、规格、厂家）

四、实验试剂（包括试剂名称、规格、厂家）

五、实验涉及的主要化学物质的性质（如熔点、沸点、毒性、溶解性、稳定性等，此部分应在预习阶段完成）

六、实验装置图（可用拍照的方式，每张图需有标号和图题）

七、实验步骤、现象及解释

八、实验结果与讨论

九、实验心得体会

图 1-1　实验报告格式

第 3 节　实验辅助软件及常用网络资源

一、化学结构式绘制及数据处理软件

化学结构式绘制软件可以清楚、直观地表现出药物分子化学结构式和化学反应方程式，也可用于绘制化工流程图和简单的实验装置图。利用数据处理软件可以对实验数据进行数学处理、统计分析、线性或非线性拟合、二维或三维图形绘制等。

1. ChemDraw

ChemDraw 是一款由美国 PerkinElmer 公司开发并专门用于化学绘图的软件，近年来成为化学和药学界出版物与报告等的化学结构图指定制作软件。ChemDraw 具有直观的图形界面和大量的变化功能，使用简便且输出质量高。其功能主要包括：①绘制化学结构式并进行文字标记，还可以绘制各种轨道、化学反应式、化工流程图和实验装置图；②对化合物谱学性质进行预测，如生成对应的红外吸收光谱、质谱、核磁共振谱；③与许多第三方软件（如 Office 等）兼容，复制粘贴后可双击打开并进行编辑。相关软件下载及使用等可参考 ChemDraw 中文网站（https://chemdraw. mairuan. com/）。

2. Chem3D

Chem3D 是一款功能强大的桌面建模工具，用于生成分子的三维模型，并对其进行操作计算。Chem3D 能结合 ChemDraw 完成二维和三维结构式的快速互换，还能与多款软件兼容。

3. ChemFinder

ChemFinder 作为 ChemOffice 的核心成员之一，为成千上万的用户提供化学资源检索服务，可用于查询基本化学结构和相关合成路线及参考文献，与 ChemDraw 等联合使用可以极大地提升科研工作者的效率。

4. Microsoft Office Excel

Microsoft Office Excel 是微软公司的办公软件 Microsoft Office 的组件之一，可以对数据进行各种运算并将其转换成图形形式。Microsoft Office Excel 有大量的函数可供选择，可以根据需要对实验数据进行分析计算。

5. Origin

Origin 可用于数据分析和绘图，具备统计、信号图像处理、峰值分析的功能，还可对曲线进行拟合，数学分析功能较为完善。Origin 不仅能用于绘制二维图形，也能用于绘制三维图形，包括点线图、柱状图、二维瀑布图等，是国际科技出版界公认的标准作图软件。Origin 数据导入功能强大，支持多种格式的数据，包括 Excel、ASCII、NI TDM、SPC、NetCDF 等。Origin 的图形输出格式多样，包括 JPEG、GIF、EPS、TIFF 等。

二、常用数据库

1. 中国知网（China National Knowledge Infrastructure，CNKI）

网址：http://www. cnki. net/

中国知网是一家集期刊、学位论文、会议论文、专利、标准、报纸、工具书、年鉴、国学、海外文献资源为一体的数字出版平台。中心网站的文献资源每日更新超过5万篇，当前读者超过4000万，中心网站及镜像站点年文献下载量突破30亿次，是全球备受推崇的知识服务品牌。中国知网的子数据库都提供初级、高级和专业检索三种检索功能，其中高级检索功能最为常用。

2. 万方数据库(Wanfang Database)

网址：https://www.wanfangdata.com.cn/

万方数据库是和中国知网齐名的中国专业的大型网络数据库，涵盖期刊、会议纪要、学位论文、学术成果和学术会议论文。万方期刊收录了理学、工程、农林、医药、人文五大类70多个类目共约7600种科技类期刊全文。其中，《中国学术会议论文全文数据库》是中国唯一的学术会议文献全文数据库，主要收录1998年以来国家级学会、协会和研究会组织召开的全国性学术会议论文和在中国召开的国际会议的论文。

3. 维普期刊资源整合服务平台

网址：http://qikan.cqvip.com/

维普数据库是中国最大的数字期刊数据库，是收录中文科技期刊最全、文献量最大的综合性文献数据库。维普网与Google搜索进行重量级合作，成为Google搜索最大的中文内容合作网站。维普数据库是我国数字图书馆建设的核心资源之一，也是科研工作者进行科技查证和科技查新的必备数据库。维普数据库提供一框式检索、高级检索和检索式检索三种检索功能，读者可根据需要选择检索功能。

4. 美国化学会(American Chemical Society，ACS)数据库

网址：http://pubs.acs.org/

美国化学会是世界上规模较大的科技协会，拥有超过16万的会员。美国化学会数据库包括ACS期刊、ACS eBooks、ACS in Focus、ACS Reagent Chemicals、ACS Guide to Scholarly Communication等多种资源，文献总数超过130万篇。美国化学会数据库涵盖24个主要学科领域，包括有机化学、物理化学、生物化学和分子生物学、药物化学、无机与原子能化学、晶体学、化学工程、材料科学与工程、制药学、毒理学、药理学、食品科学、地球化学、燃料与能源、科学训练等。美国化学会数据库可提供简单检索、高级检索、引文检索、DOI检索、学科检索等多种检索功能。

5. 英国皇家化学学会(Royal Society of Chemistry，RSC)

网址：http://pubs.rsc.org/

英国皇家化学学会是欧洲最大的化学科学组织，是化学前沿进展的一个主要传播机构和出版商。英国皇家化学学会出版的期刊和资料库涉及有机化学、无机化学、分析化学、物理化学、生物化学、药物化学、材料科学、高分子化学、应用化学、化学工程等学科领域。

6. Wiley Online Library

网址：https://onlinelibrary.wiley.com/

Wiley-Blackwell通过与多个非营利学术协会紧密合作，出版1500余种学术期刊和书籍，涵盖化学、物理、工程、药学、农业、生命科学、心理学、商业、经济等多个学科。Wiley Online Library是Wiley-Blackwell电子期刊的网络检索平台，平台收录的内容包括电子期刊、图书、参考工具书等。Wiley Online Library提供学科浏览、快速检索和高级检索等功能，可按文献类型、年份、学科、访问权限等筛选检索结果。

7. ScienceDirect 数据库

网址:http://www.sciencedirect.com/

ScienceDirect 数据库由全球最大的学术出版商爱思唯尔(Elsevier)公司出品,拥有全球超过四分之一的计算机科学、工程技术、能源科学、环境科学、材料科学、数学、物理、化学、天文学、医学、生命科学、商业及经济管理、社会科学论文全文。用户通过 ScienceDirect 还可以查找 30000 多种书籍,包括教材、参考工具书、手册、专著等。

8. Thieme 化学与药学数据库

网址:http://www.thieme-chemistry.com/thieme-chemistry/journals/

德国 Thieme 出版社致力于为教师、学生和科研人员提供高质量的图书和期刊等出版物。Thieme 出版社深耕于有机合成化学和医学领域。Thieme 化学与药学数据库内容包括 5 种化学与药学期刊,其中《Synthesis》和《Synlett》两种期刊收纳了近 5 年的回溯数据,其他三种期刊可回溯至 2000 年。

三、常用药品查询网站

在科学研究和生产实践过程中,需要了解化合物或者试剂的物理、化学性质以及其他相关信息时,有许多网站可供我们检索使用。

1. 药融云(Pharnexcloud)

网址:https://pharnexcloud.com/

药融云是一个庞大的数据库,有上亿化合物信息、两千多万个化学反应。可以通过 CAS 号、化合物名称、结构式检索查询化合物的有关信息。其涵盖的信息内容包括药品专利、原料药、供应商、谱图等。

2. ChemSpider

网址:https://chemspider.com/

ChemSpider 隶属英国皇家化学学会,囊括 5500 多个化合物的相关信息。在 ChemSpider 上,可以通过输入商品名或者系统命名、画出化学结构等方法,检索到相关化合物。

3. PubChem

网址:https://pubchem.ncbi.nlm.nih.gov/

PubChem 提供化合物的分子式、二维与三维结构、相对分子质量、脂水分配系数等基本信息和性质。除此以外,PubChem 还提供化合物作为药物的剂型信息、药理性质、生物活性检测、毒性等信息。

4. ChemicalBook

网址:https://www.chemicalbook.com/

ChemicalBook 是一家致力于为化学相关行业用户提供信息的资源平台。ChemicalBook 网站将同一个化学品的多种识别方法,包括 CAS 号、分子式、相对分子质量、欧盟化学品编号(EINECS 号)、贝尔斯坦号(MDL 号)、产品中英文名称、产品同义词等,统一通过一个文本框输入进行查询,方便化学相关行业人员查找需要的产品资料和供应商信息。

第4节　药物制备基本实验技术

一、药物分离和纯化

传统的药物分离纯化技术主要有重结晶和升华等。随着现代化学和药学的发展，色谱分离和膜分离等技术也愈来愈显示其重要性。熟练地掌握各种分离纯化技术对于制药工作者来说至关重要。

1. 重结晶

使晶体溶解或熔化，然后重新从溶液或熔体中结晶出来，此过程被称为重结晶。它是最常用的固体药物的分离和纯化手段。

重结晶的基本原理：一般情况下，溶质在溶剂中的溶解度与溶解温度密切相关。温度升高，溶质溶解度增大。将固体混合物溶解在热的溶剂中达到饱和状态，冷却后被提纯溶质的溶解度降低而变成过饱和状态析出晶体，杂质由于含量较少冷却时在溶剂中仍然处于溶解的不饱和状态，最终达到分离提纯的目的。

溶剂的选择对于重结晶的效果起到关键作用，须注意以下几点：①溶质遵循"相似相溶"原理，即极性大的溶质易溶于极性大的溶剂，极性小的溶质易溶于极性小的溶剂。常见溶剂的极性指数见附录C。②化学惰性：不与被提纯物质发生化学反应。③沸点不宜过高，容易挥发以便结晶后除去。④所选用的溶剂对被提纯物和杂质的溶解度差异较大。⑤能给出较好的结晶。⑥毒性较小或无毒。⑦在单一溶剂无法满足目的时可以选择混合溶剂。混合溶剂通常由两种溶剂混合而成(一般可以任意比例混合)，一种溶剂对固体有机物具有较好的溶解能力，另外一种则相反。

重结晶的实验过程一般包括：①溶剂的选择，通过查阅手册了解溶质的相关性质后，基于溶剂选择的原理并通过实验确定溶剂；②溶解，将样品加入容器(预先加入几粒沸石防止做实验时发生暴沸)，加入少量溶剂，加热使溶剂接近沸腾，随后逐滴加入溶剂直至样品恰好完全溶解，然后再加入其体积20%的溶剂使其过量，防止溶质受热过滤时因温度降低及溶剂的挥发而析出样品造成损失；③活性炭脱色，当重结晶的样品带有颜色时可加入固体量1%～5%的活性炭进行脱色；④趁热过滤；⑤冷却结晶，目的是令产物重新形成晶体，进一步分离产物与杂质；⑥过滤洗涤，可以利用布氏漏斗进行减压过滤，将溶剂和结晶物分离，冲洗净母液，再用少量溶剂洗净晶体并抽干备用；⑦干燥，将上述得到的晶体进一步烘干(采用红外灯烘干或真空干燥箱等)以除去溶剂，得到较为纯净的固体有机物。

2. 升华

升华指物质从固态直接变成气态的过程，是分离纯化固体有机化合物的常用方法之一。升华分离纯化药物的基本原理是利用固体混合药物的蒸气压或挥发度不同，将非纯净的固体药物在其熔点以下加热，利用目标药物蒸气压高、杂质蒸气压低的特性，使目标药物直接汽化，遇冷后固化，杂质则不发生此过程，最终达到分离固体混合药物的目的。

该方法的适用范围：被提纯的固体药物具有较高蒸气压，而杂质的蒸气压较低。实验操作通常包括常压升华和减压升华，比重结晶更加简便，纯化后产物纯度较高，但产物损失较大，操作时间较长，不适合大量提纯。

注意事项：①升华的温度必须低于固体药物的熔点；②固体药物必须干燥；③在减压升华过程中，停止抽滤前必须打开放空阀，再关泵，避免水倒吸。

3. 蒸馏

蒸馏是分离和纯化液体有机化合物最重要，也是最常用的方法之一，包括常压蒸馏、分馏、减压蒸馏和水蒸气蒸馏。蒸馏法除了可以将混合液体中的挥发性组分和不挥发性组分分离、进行溶剂回收和溶液浓缩等，还可以把沸点不同的物质及有色杂质进行分离并通过常量法测出液体沸点。

1）常压蒸馏

基本原理：蒸馏是利用混合液体中各组分沸点不同进行分离纯化的方法。蒸馏可以将挥发性组分和不挥发性组分分离，也可以将不同沸点的混合溶液分离，但混合溶液各组分的沸点至少要相差 40 ℃，才具有较好分离效率。在一定温度下，液体化合物具有一定蒸气压，当液体温度持续上升时，蒸气压也随之增大，直到液体化合物蒸气压与其表面大气压相同时，液体开始沸腾，此时沸腾的温度就称为该液体化合物的沸点。在一定外界压力下纯净的液体沸点是一个常数，如纯水在一个标准大气压(101.325 kPa)下沸点为 100 ℃。常压蒸馏时外界的大气压通常不是一个标准大气压，具有一定偏差，严格来说测定的沸点应加上校正值，但由于偏差过小常忽略不计。

操作过程：①按要求连接好实验装置。将铁架台、加热装置、蒸馏瓶温度计套管、冷凝管、接收瓶按顺序连接好，准备至少两个接收瓶备用。②加料。将蒸馏液通过玻璃漏斗加入蒸馏瓶内(注意不要从支管流出)，加入几粒沸石，塞好带温度计的塞子，检查各部分装置连接是否完好。③加热。先通冷凝水，遵循管口“下进上出”原则，使冷凝水从冷凝管下管口缓缓流入，自上管口流出引入水槽，开始加热。通过接收瓶收集不同组分溶液。需注意的是，到达被提取物沸点前会有较低沸点液体先蒸出，这部分液体被称为前馏分，前馏分蒸出后应更换接收瓶收集较纯蒸馏组分。蒸馏完毕，先关闭加热再停止通水，按装置连接倒序拆卸仪器，洗净烘干备用。

注意事项：①提前了解被蒸馏组分的各种物理化学性质，对沸点范围应熟知；②在通风橱内操作并做好防护工作；③加热时加热装置温度不能太高，防止出现蒸馏瓶颈部过热现象；④加热装置温度设置值不能比沸点超出 30 ℃，避免出现蒸馏速度过快使蒸馏烧瓶中的蒸气压超过大气压而造成烧瓶炸裂。

2）分馏

分馏是应用分馏柱将几种沸点相差较小的液体有机化合物进行分离纯化的方法。

基本原理：被分馏的液体有机化合物经过多次的部分汽化、部分冷凝(其中，蒸气在分馏柱内的上升过程类似于经过反复多次的简单蒸馏)，最后在汽相中的低沸点成分越来越多，在液相中的低沸点成分越来越少，使得混合物被分离，达到提纯物质的目的。

要提高分馏效果，须注意以下几点：①依据分馏组分沸点选择合适的分馏柱；②分馏需缓慢进行，保证分馏柱内各组分充分接触，便于热量交换和传递，一般以选择油浴为佳；③选择合适分馏比；④通常通过在分馏柱外裹石棉布等操作减少分馏柱热量损失。

3）减压蒸馏

减压蒸馏适合在常压蒸馏时未到达沸点即分解、氧化或聚合的组分。

基本原理：液体的沸点与外界大气压密切相关，若外界压力降低则液体沸点随之降低。因此，如果使用真空泵连接盛有液体的容器，促使液体表面压力降低，即可降低液体沸点，这种在低压下进行的蒸馏操作称为减压蒸馏。

操作过程：将待蒸馏的液体置于克氏蒸馏瓶中（溶剂体积不能超过蒸馏瓶容积的一半），将实验装置依次连接，将安全瓶上的活塞旋开抽气，缓慢关闭安全瓶上的活塞，观察压力计上的真空度，检查装置气密性，调节螺旋夹，注意观察，发现蒸馏瓶内有连续气泡产生时，开启冷凝。加热时应将蒸馏瓶的 2/3 置于水浴中，并在水浴中放置温度计，控制其温度，使之比待蒸馏组分的沸点高 20～30 ℃，液滴流速控制在 1～2 滴/s。实验中注意观察温度计和压力表读数，记录压力、沸点等相关实验数据。

4）水蒸气蒸馏

水蒸气蒸馏常用于蒸馏在常压下沸点较高或在沸点附近容易分解的物质，也常用于高沸点物质与不挥性杂质的分离。水蒸气蒸馏时对被分离组分有以下要求：①不溶或微溶于水；②长时间与水共沸不与其发生化学反应；③在接近 100 ℃时有一定蒸气压。

4. 萃取

萃取是实验中分离提纯混合物的基本操作之一。萃取可从反应物或动植物中提取所需要的成分，一般称为“萃取”或“抽提”；也可以洗去混合物中的少量杂质，此时称为“洗涤”。萃取通常分为液-液萃取和固-液萃取。

1）液-液萃取

基本原理：根据物质在两种互不相溶的溶剂中溶解度或分配系数的不同达到分离纯化的目的。在一定温度下，混合物在两相之中的浓度比为一固定常数，此即“分配定律”。如一混合物组分在两液相 A 和 B 中的浓度分别为 C_A 和 C_B，在一定温度下，$C_A/C_B=K$，K 为常数，称为分配系数，可以近似地看作此物质在两种溶剂中的溶解度之比。

溶剂的选择：①萃取溶剂几乎不溶或完全不溶于水；②溶剂不与混合物组分发生不可逆的化学反应；③被萃取组分在溶剂中有较大溶解度，而杂质在溶剂中的溶解度较小；④萃取溶剂沸点不宜过高，可通过蒸馏等方法除去；⑤溶剂具有较好的化学稳定性，价格便宜，易于制取，运输方便，毒性较小。

操作过程：液-液萃取过程主要使用分液漏斗为萃取器皿。分液漏斗容积应比液体体积大一倍以上。使用前应于分液漏斗中加入水振荡，检查容器是否漏水，确认密闭性较好方可使用。将漏斗固定在铁架台上，并将要萃取的溶剂和水溶液依次从漏斗上口倒入，塞紧塞子。取下分液漏斗，右手手掌顶住漏斗塞子并握住漏斗，左手食指和中指夹住下管口，同时用食指和拇指控制旋塞，将漏斗放平做圆周运动，振荡液体使两相充分接触。振荡时注意放气，避免漏斗内气压过大造成漏斗塞子被顶开而喷出液体或漏斗爆炸。如此重复 3 次后将漏斗放回铁圈内静置，待两相完全分离后，打开瓶塞使下层液体自下口流出，上层液体从上口放出，切不可从旋塞放出，以免沾污液体。将水溶液倒回漏斗中重新以有机溶剂萃取 3～5 次，合并有机相，加入干燥剂以除去有机相中残留的水。蒸干溶剂即可得到纯化后的产物。

2）固-液萃取

原理与液-液萃取类似。固-液萃取是将固体混合物研磨粉碎后放入相应容器，选择合适溶剂浸泡，利用固体中各组分在溶剂中溶解度的差异，使易溶的组分溶解为溶液，即可与固体残渣分离。

5. 色谱分离技术

色谱法又称层析法，与经典的分离纯化方法相比，色谱法具有高效、高灵敏度、高精度和简便等特点，除了可以对化合物进行分离提纯外，还可以用来鉴定化合物纯度和跟踪化学反应。色谱法是 20 世纪以来飞速发展的分离纯化方法，广泛应用于有机化学、药学、生物化学等领域。按作用原理不同，可分为吸附色谱、分配色谱、离子交换色谱和分子排阻色谱；根据操作形式不同，分为薄层色谱、柱色谱、气相色谱、纸色谱、高效液相色谱等。

1)吸附色谱

吸附色谱是以吸附剂为固定相，利用吸附剂表面对被分离组分吸附能力的不同和被分离组分在流动相中溶解度的差异而进行分离的方法。吸附色谱的分离效果主要取决于吸附剂、溶剂和被分离组分的性质。常用的吸附剂有硅胶、氧化铝和活性炭等。

2)分配色谱

分配色谱是利用混合物中各组分在固定相和流动相之间分配常数的不同实施分离的方法，其过程本质上是各组分在固定相和流动相之间不断达到溶解平衡的过程。

3)分子排阻色谱

分子排阻色谱是利用不同分子之间的大小和形状不同而进行分离的方法，又称为凝胶渗透色谱或凝胶过滤色谱。分子排阻色谱中固定相具有相对明确的孔径，根据分子大小和形状，可以将较大或较长分子的组分先分离出来，较小或较短分子的组分由于可以进入固定相并在其内停留较长时间而最后分离。分子排阻色谱固定相具有不同型号，葡聚糖凝胶是实验室内常用的固定相，主要用来分离蛋白质。

4)离子交换色谱

离子交换色谱是指固定相具有带电荷的基团，通过静电相互作用与带相反电荷的离子结合。若流动相中有其他带相反电荷的离子存在，按照质量作用定律，这些离子会与结合在固定相上的反离子进行交换。离子交换色谱主要包括阴离子交换色谱和阳离子交换色谱。

6. 电泳

电泳分离技术是依靠溶质在电场移动中的速度不同而分离混合物组分的方法，此方法存在一定限制，即溶质本身必须是离子，或为由于表面吸附离子而带电的物质。在一定的电场中，溶质由于所带电性、颗粒大小和形状不同，其移动方向和速度均不相同，带正电荷的粒子向阴极移动，带负电荷的粒子则向阳极移动，净电荷为零的粒子不移动。电泳分离技术已成为医药学研究及药品生产、质量检验的重要手段。

影响电泳分离的主要因素：①自身限制因素，如物质颗粒本身所带的净电荷量、种类、颗粒形状和颗粒大小的影响；②外界条件限制，如电场强度、溶液 pH、离子强度和温度等外界条件的影响。

7. 膜分离技术

膜分离技术是利用特殊薄膜对液体中的某些成分进行选择性透过的方法，用于分离气态、液态和一些固体有机化合物，具有操作简便、所需溶剂少的特点，是近些年来发展较快且高效的分离方法。膜分离技术主要包括透析法和电透析法等。

基本原理：利用不同薄膜孔径大小差异选择性地将不同分子大小的化合物分离。其中对气体有机化合物的分离应用较广。

特点：①在分离过程中不会发生相变，转化效率高，是一种极佳的节能分离方法；②一般在常温下进行膜分离，所以适于对热敏性物料（如酶和药物等）的分离和浓缩；③膜分离技术不仅适用于有机物的分离，而且适用于许多特殊溶液体系的分离，对溶液中大分子与无机盐的分离及一些共沸物分离也具有较好的效果；④可根据被分离的混合物特性自由组装，具有操作简便、装置简单、容易操控且分离效率高等特点。

透析法：利用分子大小差异，将小分子有机物透过半透膜而大分子有机物不能透过，分离分子大小不同的有机化合物，是经典的膜分离技术之一。

电透析法：适用于离子化物质的分离。将电极置于半透膜两侧，通电后利用电极产生电流使半透膜透析袋中带负电荷的分子向正极移动，带正电荷的分子向负极移动，而大分子和中性分子化合物不能透过膜，达到分离的目的。

二、药物结构分析与纯度鉴定

1. 薄层色谱法

薄层色谱(TLC)的特点是所用的样品量少(最低限度为 0.01 μg)、分离时间短、效率高，可用于精制样品、鉴定化合物、监测反应进程和摸索柱色谱的最佳条件。

基本原理：组分、流动相(展开剂)和固定相(吸附剂)三者间存在吸附竞争的机制，使得TLC 有很好的分离效果。流动相借助毛细作用上行，组分与固定相的平衡被暂时打破，即吸附的组分不断地被流动相解吸附。解吸附后的组分立即溶于流动相中并随之向上移动。当遇到新的固定相表面时，固定相与流动相展开新的吸附竞争，平衡再次建立。在这样反复的吸附-解吸附过程中，各组分由于行进速率不同而最终被分开。

操作步骤：用毛细管吸取少量样品滴加在离薄层板的一端约 1 cm 处，形成小圆点，待晾干后，将薄层板浸入盛有展开剂的展开槽中(浸入深度不超过 0.5 cm)。待展开剂前沿上升到距离薄层板上端 1 cm 时，取出薄层板，干燥后用显色剂显色，记录各斑点的位置，计算 R_f 值。

$$R_f=\frac{\text{斑点中心至原点中心的距离}}{\text{展开剂前沿至原点中心的距离}}$$

展开剂是影响分离效果的主要因素。展开剂的选择，需综合考虑各组分的溶解度、极性和吸附活性等因素。一般情况下，溶剂的展开能力与溶剂的极性成正比。展开剂极性越大，对化合物的解吸能力越强，R_f越大。如果样品中各组分的 R_f 都较小，则可适量增加一种或几种极性大的溶剂。混合展开剂的分离效果往往优于单一展开剂。

常用展开剂的极性大小顺序如下：石油醚＜甲苯＜二氯甲烷＜乙醚＜乙酸乙酯＜丙酮＜甲醇＜水。

2. 熔点法

熔点是代表纯物质的物理常数之一，指一种物质按照规定的方法测定，由固相熔化成液相时的温度。依法测定熔点可以鉴别药物，也可以检查药物的纯杂程度。以下介绍 3 种熔点测定法，分别适用于：①易粉碎的固体药物；②不易粉碎的固体药物(如脂肪、羊毛脂、石蜡、脂肪酸等)；③凡士林及其他类似物质。3 种测定方法的操作步骤如下：

(1)测定易粉碎的固体药物。取适量药物，置于熔点测定用毛细管中。另将温度计放入盛装传温液的容器中，加入适量传温液。将传温液加热，待温度上升至较规定的熔点低限约低10 ℃时，将装有药物的毛细管浸入传温液并贴附在温度计上；继续加热，持续搅拌，使传温液温度保持均匀，记录药物从初熔至全熔时的温度。

(2)测定不易粉碎的固体药物。取适量药物，用尽可能低的温度熔融后，吸入毛细管中。在 10 ℃或 10 ℃以下的阴凉处静置 24 h，或置于冰上放冷不短于 2 h。凝固后用橡皮圈将毛细管紧缚在温度计上。将毛细管连同温度计浸入传温液中，小心加热，待温度上升至较规定的熔点低限约低 5 ℃时，调节升温速率使每分钟上升不超过 0.5 ℃，药物在毛细管中开始上升时，记录温度计上显示的温度。

(3)测定凡士林及其他类似物质。取样品适量,缓缓搅拌并加热至温度达 90~92 ℃时,放入平底耐热容器中,冷却至较规定的熔点上限高 8~10 ℃;将温度计汞球部垂直插入上述熔融的样品中,直至碰到容器的底部,随即取出,直立悬置。将温度计浸入 16 ℃以下的水中 5 min,取出后,再将温度计插入试管中,塞紧,使温度计悬于其中;将试管浸入约 16 ℃的水浴中;加热使水浴温度以 2 ℃/min 的速率升至 38 ℃,再以 1 ℃/min 的速率升温至样品的第一滴脱离温度计为止。记录温度计上显示的温度,即可作为样品的近似熔点。

3. 高效液相色谱(HPLC)法

当流动相在高压驱动下流经填充着高效固定相的高效液相色谱柱时,使上载样品的各组分通过吸附、分配、离子交换或分子排阻等得以分离,并用高灵敏度检测器对其物理性质加以检测。HPLC 按照固定相和流动相的相对极性分为正相色谱和反相色谱。正相色谱指固定相的极性大于流动相的极性,反相色谱指固定相的极性小于流动相的极性。

(1)正相键合相色谱采用极性键合相作为固定相,如氰基、氨基等键合在硅胶表面。以非极性和弱极性溶剂,如烷烃等作为流动相,主要用于分离溶于有机溶剂的极性或中等极性的化合物。通常认为,该过程属于分配过程,将有机键合层看作一个液膜,各组分在两相间分配,极性大的组分的分配系数大,保留时间也长。组分的保留和分离规律一般是:极性强的组分后洗脱出柱。

(2)反向键合相色谱采用非极性键合相作为固定相,如十八烷基硅烷、辛烷基等,流动相一般使用水作为基础溶剂,加入一定量与水互溶的极性调整剂,如甲醇、乙腈等。一般以疏溶剂理论作为该方法的分离机制的理论基础。疏溶剂理论是指,极性流动相与非极性组分相互产生斥力,导致极性溶剂中出现“空腔”,产生疏溶剂作用,而非极性组分从溶剂中被挤出,与固定相表面的非极性的烷基产生缔合作用,使组分保留在固定相中。保留行为主要受到组分的分子结构、流动相和固定相这三个方面的影响。

HPLC 具有分离效率高、选择性好、分析速度快、检测灵敏度高、操作自动化和应用范围广的特点。高效液相色谱仪主要包括输液系统、分离和进样系统、色谱柱系统、检测系统和数据记录处理系统。

HPLC 的定性分析主要是利用保留时间(或保留体积)和相对保留值,或用已知物对照法对组分进行鉴别分析。HPLC 的定量分析常通过外标法和内标法进行。

4. 紫外-可见吸收光谱法

紫外-可见吸收光谱(ultraviolet and visible absorption spectroscopy,简称 UV-Vis)是基于分子内电子跃迁产生的吸收光谱,分子通常处于基态(能量最低态),当分子受到不同波长的光照射时,分子中的电子从低能级跃迁到高能级。紫外-可见吸收光谱主要用于含有共轭体系的有机化合物的结构测定。一般将波长在 10~200 nm 的区域称为远紫外区,波长在 200~400 nm 的区域称为近紫外区,波长在 400~800 nm 的区域称为可见光区。紫外-可见吸收光谱有多种表示方法,例如,横坐标为波数、频率和波长,纵坐标分别为摩尔吸光系数 ε、吸光度和透光率。紫外-可见吸收光谱应用广泛,可进行定量分析,还可利用吸收峰的特性进行定性分析和简单的结构分析。

根据电子和轨道种类,可将紫外-可见吸收光谱的吸收带(吸收峰)划分为以下六种类型:①R 带,由 n-π* 跃迁引起的吸收带,是—C=O、—NO、—NO_2、—N=N—这一类杂原子不饱和基团的特征;②K 带,π-π* 跃迁所产生的吸收峰,常见于共轭双键,如丁二烯;③B 带,芳香族（包括杂芳香族）化合物的特征吸收峰；④E带，芳香族特征吸收峰；⑤电荷转移吸收带，由电荷转移跃迁产生的吸收峰；⑥配位体场吸收带，由配位体场跃迁产生的吸收峰。

紫外-可见吸收光谱的吸收带位置容易受到分子结构因素和测定条件等多种因素的影响，而在较宽的波长范围内发生变动。例如：①位阻影响，化合物结构中若有发色团产生共轭效应，可使吸收带长移；②跨环效应，双键与酮基存在适当的立体排列，致使吸收带向长波移动，同时吸收强度增加；③溶剂效应，溶剂影响吸收峰位置、吸收强度和光谱形状；④体系 pH 影响，如酚类化合物，由于体系 pH 不同，影响解离情况，进而出现不同的吸收峰。

5. 红外吸收光谱法

红外光照射分子时，能引起分子中振动能级的跃迁，因此，红外吸收光谱也被称为分子振动光谱。各种不同的基团均由基础的化学键和原子构成，因此对红外光的吸收频率存在差异，这是利用红外吸收光谱测定化合物结构的理论基础。红外吸收光谱图的横坐标代表波长或频率，多以波数（cm^{-1}）表示，纵坐标代表吸收强度，一般用透光率 T（%）表示。通常将 4000～1500 cm^{-1} 区域称为基团特征频率区，1500 cm^{-1} 以下的区域称为指纹区。普遍认为：4000～2500 cm^{-1} 区域代表含氢基团；2500～2000 cm^{-1} 区域代表三键和累积双键；2000～1500 cm^{-1} 区域代表双键；1500～1000 cm^{-1} 区域代表单键。

6. 质谱法

质谱法（mass spectrometry，简称 MS）是化合物鉴定的最有力工具之一，其中包括相对分子质量测定、化学式的确定及结构鉴定等，即通过电场和磁场使试样中各组分电离，生成不同质荷比（m/z）的离子束，进入质量分析器后，按质荷比分离后进行检测的方法。测出离子准确质量即可确定离子的化合物组成。质谱仪主要由离子源、电离室、质量分析器、离子收集与鉴定系统和高真空系统等组成。

7. 核磁共振法

核磁共振谱（nuclear magnetic resonance spectroscopy，简称 NMR）是鉴定有机化合物结构最有效的波谱分析方法，使用最广泛的是核磁共振氢谱（^{1}H NMR）和核磁共振碳谱（^{13}C NMR），二者可以提供分子中氢原子和碳骨架的重要信息。NMR 测定一般要求化合物的纯度大于 95%。

原理：①核磁共振现象：NMR 技术取决于有机化合物被置于磁场中所表现出的特定的核自旋现象。具有磁矩的原子核如^{1}H、^{13}C、^{19}F、^{15}N、^{31}P 等原子核都具有核自旋特性。②化学位移：由于相同质子在分子中的位置和化学环境不同，它们将在不同频率处发生共振吸收，反馈吸收信号。屏蔽和去屏蔽效应引起 NMR 谱中质子吸收位置相对于裸质子位移的现象称为化学位移。实际操作中一般选用四甲基硅烷（TMS）作为标准物质，测定相对频率。影响化学位移的主要因素包括相邻基团的电负性、各相异性、范德华效应、溶剂效应等。③峰面积：在核磁共振谱图中，每组峰的面积与产生这组信号的质子数目成正比。如果将各组信号的面积进行比较，即可确定各种类型质子的相对数目。④自旋裂分：受邻近质子的自旋耦合作用而导致谱线增多的结果。

测定通常在氘代溶剂中进行，起到保持样品溶剂周围的磁场均匀稳定（匀场）和保持磁场频率稳定（锁场）的作用，提高信噪比。常用的氘代试剂包括 $CDCl_3$、D_2O、DMSO-D_6、CD_3OD、$(CD_3)_2CO$、C_6D_6 和 CD_3CN 等。常见溶剂的^{1}H NMR 和^{13}C NMR 数据见附录 E、附录 F。

8. X 射线单晶结构分析

X 射线单晶结构分析是目前研究晶体和分子结构的主要方法。在一个单晶体结构中，所有的原子或原子团都严格按照一定的规律呈周期性分布，如果将其抽象地看作一系列质点，则整个单晶体内部可看作一系列周期排布的点阵点，也被称为晶体点阵。由于晶体内点阵点间距离的尺度同 X 射线波长接近（约 0.1 nm），因此，当一束单色的 X 射线照射一个单晶体时，会产生明显的 X 射线衍射现象。衍射产生衍射点的方向同晶体的周期性相关，而强度则取决于晶体内部原子的种类及位置。根据衍射仪接收到的衍射方向和强度数据进行计算处理，则可以得到单晶体的内部结构信息。

单晶结构分析通过 X 射线单晶衍射仪进行。该装置包括 X 射线发生器、测角仪、检测器等。其测试一般包含如下步骤：①培养和选择单晶；②测定晶体学参数；③进行 X 射线衍射强度数据的收集和处理；④确定结构模型。

（李兴淑编写）

第2章
生物化学实验

实验1　糖的颜色反应

一、实验目的

(1)掌握莫氏(Molish)实验鉴定糖的原理和方法。

(2)掌握赛氏(Seliwanoff)实验鉴定酮糖的原理和方法。

(3)掌握杜氏(Tollen)实验鉴定戊糖的原理和方法。

(4)掌握费林(Fehling)实验鉴定还原糖的原理和方法。

二、实验原理

1. 莫氏实验鉴定糖的原理

莫氏实验是鉴定糖类的经典方法之一。糖在浓硫酸的作用下发生脱水反应,形成糠醛或其衍生物。这些化合物与酚类试剂(如 α-萘酚)作用形成红色或紫红色复合物,在糖液和浓硫酸的界面形成紫环,因此又称紫环反应。

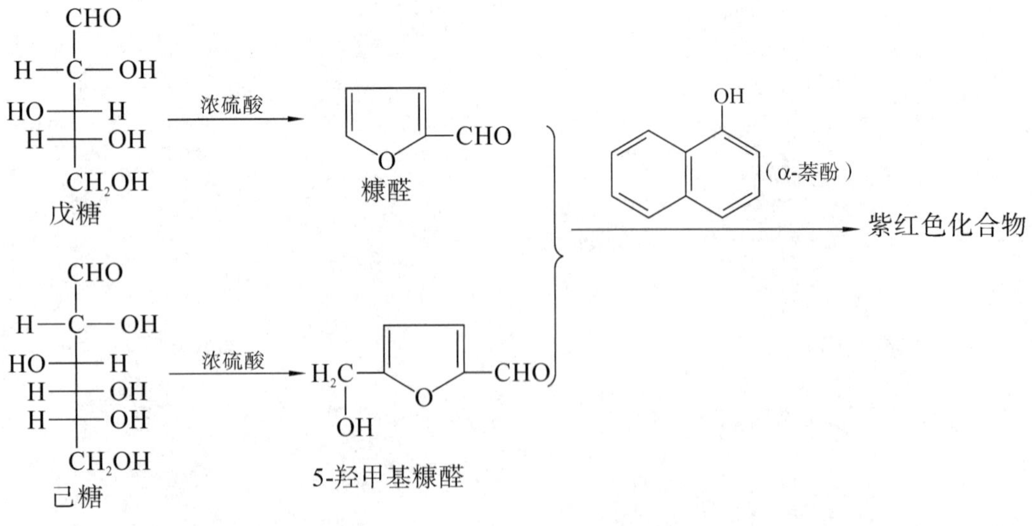

CHO
H—C—OH
HO—C—H
H—C—OH
CH_2OH
戊糖

浓硫酸 → 糠醛 (CHO)

CHO
H—C—OH
HO—C—H
H—C—OH
H—C—OH
CH_2OH
己糖

浓硫酸 → 5-羟甲基糠醛 (H_2C(OH)—, —CHO)

+ OH (α-萘酚) → 紫红色化合物

2. 赛氏实验鉴定酮糖的原理

酮糖在浓酸的作用下发生脱水反应,生成5-羟甲基糠醛。后者与间苯二酚反应生成鲜红色复合物。醛糖在酸浓度较高或长时间煮沸时，才产生微弱的阳性反应。该反应是鉴定酮糖的特殊反应。

CH_2OH, $C{=}O$, HO—H, H—OH, H—OH, CH_2OH
果糖
→ 浓酸 →
$H_2C(OH)$—(呋喃环)—CHO
5-羟甲基糖醛
→ OH, OH（间苯二酚）→ 红色化合物

3. 杜氏实验鉴定戊糖的原理

戊糖在浓酸溶液中发生脱水反应生成糠醛，后者与间苯三酚结合成深红色物质。虽然这个反应常用于鉴定戊糖，但是其他一些糖类(如果糖、半乳糖)和糖醛酸也会产生阳性反应。

相对于果糖、半乳糖和糖醛酸，戊糖在浓酸作用下的脱水反应最快，通常在 45 s 内即产生深红色沉淀。

CHO, H—C—OH, HO—H, H—OH, CH_2OH
戊糖
→ 浓酸 →
(呋喃环)—CHO
糠醛
→ OH, HO, OH（间苯三酚）→ 红色化合物

4. 费林实验鉴定还原糖的原理

费林实验是一种检测还原性糖的经典方法。费林试剂是含有硫酸铜和酒石酸钾钠的氢氧化钠溶液。试剂甲为硫酸铜溶液，试剂乙为酒石酸钾钠的氢氧化钠溶液。将一定量的甲液和乙液等体积混合时，硫酸铜与氢氧化钠反应，生成氢氧化铜沉淀：

$$CuSO_4 + 2NaOH \longrightarrow Cu(OH)_2\downarrow + Na_2SO_4$$

在碱性溶液中，氢氧化铜沉淀与酒石酸钾钠反应，生成可溶性的酒石酸钾钠铜配合物：

$$\begin{matrix} COOK \\ | \\ CHOH \\ | \\ CHOH \\ | \\ COONa \end{matrix} + Cu(OH)_2 \longrightarrow \begin{matrix} COOK \\ | \\ CHO \\ | \\ CHO \\ | \\ COONa \end{matrix} \!\!\!\!> Cu + 2H_2O$$

在加热条件下，用还原糖溶液滴定，还原糖与酒石酸钾钠铜反应，酒石酸钾钠铜被还原糖还原，生成红色的氧化亚铜沉淀，其反应如下：

$$\begin{array}{l} COOK \\ | \\ CHO\diagdown \\ |\qquad\quad Cu \\ CHO\diagup \\ | \\ COONa \end{array} + \begin{array}{l} CHO \\ | \\ (CHOH)_4 \\ | \\ CH_2OH \end{array} \longrightarrow \begin{array}{l} COOH \\ | \\ (CHOH)_4 \\ | \\ CH_2OH \end{array} + \begin{array}{l} COOK \\ | \\ CHOH \\ | \\ CHOH \\ | \\ COONa \end{array} + Cu_2O\downarrow$$

由于沉淀的速度不同，因此形成的颗粒大小不同，颗粒大的为红色，颗粒小的为黄色。

费林试剂是一种弱的氧化剂，它不与酮和芳香醛发生反应。

三、实验仪器、试剂与材料

1. 实验仪器

恒温水浴锅等。

2. 实验试剂

(1)莫氏试剂：取 5 g α-萘酚，用 95%乙醇溶解并稀释至 100 mL。为保证试剂的有效性，须在临用前配制，棕色瓶中保存。

(2)赛氏试剂：将 50 mg 间苯二酚溶于 100 mL HCl 溶液(36%～38%浓盐酸与水按体积比 1∶2 混合)中，临用前配制。

(3)杜氏试剂：取 3 mL 2%间苯三酚乙醇溶液(将 2 g 间苯三酚用 95%乙醇溶解并稀释至 100 mL)，缓缓加入 15 mL 浓盐酸及 9 mL 蒸馏水，临用前配制。

(4)费林试剂：①费林试剂甲液：取 34.5 g 五水合硫酸铜，溶于 500 mL 蒸馏水中。②费林试剂乙液：取 125 g 氢氧化钠和 137 g 酒石酸钾钠，溶于 500 mL 蒸馏水中。③临用时，将费林试剂甲液和费林试剂乙液等体积混合，得到费林试剂。

(5)1%淀粉溶液：将 1.0 g 可溶性淀粉与少量蒸馏水混合成浆状物，然后缓缓倾入沸蒸馏水中，边加边搅拌，最后以沸蒸馏水稀释，冷却后定容至 100 mL。

(6)1%葡萄糖溶液：称取 1.0 g 葡萄糖，使用蒸馏水溶解，并转移至 100 mL 容量瓶中，加入蒸馏水稀释至刻度线。

(7)1%蔗糖溶液：称取 1.0 g 蔗糖，使用蒸馏水溶解，并转移至 100 mL 容量瓶中，加入蒸馏水稀释至刻度线。

(8)1%果糖溶液：称取 1.0 g 果糖，使用蒸馏水溶解，并转移至 100 mL 容量瓶中，加入蒸馏水稀释至刻度线。

(9)1%阿拉伯糖溶液：称取 1.0 g 阿拉伯糖，使用蒸馏水溶解，并转移至 100 mL 容量瓶中，加入蒸馏水稀释至刻度线。

(10)浓硫酸。

3. 实验材料

纤维(棉花或滤纸)。

四、实验内容

1. 莫氏实验鉴定糖

在 5 支试管中，分别加入 1 mL 1%葡萄糖溶液、1 mL 1%蔗糖溶液、1 mL 1%淀粉溶液、少许纤维(将棉花或滤纸浸在 1 mL 水中)和 1 mL 水,然后各加 2 滴莫氏试剂,充分摇匀,倾斜试管,沿管壁小心加入 1.5 mL 浓硫酸,切勿摇晃,小心竖立后仔细观察两层液体界面处的颜色变化,并将实验结果详细记录到表 2-1。

表 2-1 莫氏实验结果

试管编号	A	B	C	D	E
步骤 1	1%葡萄糖溶液 1 mL	1%蔗糖溶液 1 mL	1%淀粉溶液 1 mL	少许纤维 (将棉花或滤纸 浸在 1 mL 水中)	水 1 mL
步骤 2	加 2 滴莫氏试剂				
步骤 3	1.5 mL 浓硫酸				
实验结果					

2. 赛氏实验鉴定酮糖

在 5 支试管中,分别加入 0.5 mL 1%葡萄糖溶液、1%蔗糖溶液、1%淀粉溶液、1%果糖溶液和 1%阿拉伯糖溶液,各加 2.5 mL 赛氏试剂,充分摇匀,同时置于沸水浴内。观察各管颜色变化及红色出现的先后顺序,并将实验现象记录到表 2-2。

表 2-2 赛氏实验结果

试管编号	A	B	C	D	E
步骤 1	1%葡萄糖溶液 0.5 mL	1%蔗糖溶液 0.5 mL	1%淀粉溶液 0.5 mL	1%果糖溶液 0.5 mL	1%阿拉伯糖溶液 0.5 mL
步骤 2	加 2.5 mL 赛氏试剂				
步骤 3	摇匀,同时置于沸水浴内				
实验结果					

3. 杜氏实验鉴定戊糖

在 5 支试管中各加入 1 mL 杜氏试剂,再分别加入 1 滴 1%葡萄糖溶液、1%蔗糖溶液、1%淀粉溶液、1%果糖溶液和 1%阿拉伯糖溶液,充分混匀。然后将各试管同时放入沸水浴中,观察颜色变化,记录颜色变化的时间,并将实验现象详细记录到表 2-3。

表 2-3　杜氏实验结果

试管编号	A	B	C	D	E
步骤 1	加 1 mL 杜氏试剂				
步骤 2	1%葡萄糖溶液 1 滴	1%蔗糖溶液 1 滴	1%淀粉溶液 1 滴	1%果糖溶液 1 滴	1%阿拉伯糖溶液 1 滴
步骤 3	摇匀，同时置于沸水浴内				
实验结果					

4. 费林实验鉴定还原糖

取费林试剂甲液和乙液各 10 mL 配成费林试剂。在 5 支试管中分别加 1 mL 1%葡萄糖溶液、1%蔗糖溶液、1%淀粉溶液、1%果糖溶液和 1%阿拉伯糖溶液，然后各加入 2 mL 费林试剂，充分摇匀，将所有试管置于恒温水浴锅(90 ℃)内 2～3 min。仔细观察各管颜色变化及红色出现的先后顺序，并将实验现象详细记录到表 2-4。

表 2-4　费林实验结果

试管编号	A	B	C	D	E
步骤 1	1%葡萄糖溶液 1 mL	1%蔗糖溶液 1 mL	1%淀粉溶液 1 mL	1%果糖溶液 1 mL	1%阿拉伯糖溶液 1 mL
步骤 2	加 2 mL 费林试剂				
步骤 3	摇匀，置于沸水浴内 2～3 min				
实验结果					

五、实验注意事项

(1)α-萘酚可以用麝香草酚或其他苯酚化合物代替，麝香草酚溶液比较稳定，其灵敏度与α-萘酚相当。

(2)单糖、寡糖和多糖一般在莫氏实验中产生阳性反应，但氨基糖不发生此反应。此外，丙酮、甲酸、乳酸、草酸、葡萄糖醛酸、各种醛糖衍生物和甘油醛等也会产生相似的颜色变化。因此，阴性反应证明不存在糖类物质，而阳性反应说明可能有糖类存在，但是需要进一步通过其他糖的定性实验才能确认糖类的存在。

(3)莫氏实验的反应非常灵敏，仅需 0.001%的葡萄糖或 0.0001%的蔗糖即能呈现阳性反应。因此，样品中切勿混入纸屑等杂物。当果糖浓度过高时，浓硫酸可能导致其焦化，呈现红色或褐色而非紫色，此时可以稀释后再进行实验。

(4)向试管中加入各种糖后，应对每支试管进行标记。同时记录好各管的颜色变化情况和阳性反应出现的次序。

六、讨论与思考

(1)用什么方法鉴定糖？

(2)用什么方法鉴定酮糖？

(3)运用本实验的方法，设计实验鉴别蔗糖、阿拉伯糖、葡萄糖、果糖、糖精和淀粉六种未知溶液。

(4)糖的定量检测方法有哪些？以其中一种为例，说明定量检测总糖的原理和简要操作步骤。

(郑允权编写)

实验 1 的教学课件

实验 2　薄层层析法分离鉴定氨基酸

一、实验目的

(1)了解色层分离法的原理和方法。

(2)掌握薄层层析法的基本原理及操作方法。

二、实验原理

薄层层析法又称薄层色谱分析法,是把吸附剂和支持剂均匀涂布在玻璃、塑料板或铝板等材料上,形成薄层后进行色层分离的分析方法。物质被分离后在层析图谱上的位置,采用 R_f 值(详见第 1 章第 4 节)表示。根据分离的各组分的 R_f 值可确定各组分的种类;根据斑点的面积,配合薄层扫描仪可测定各组分的含量。

薄层层析法样品用量少,分析速度快,设备简单,分离过程中混合物的各种成分没有改变,分离后可将不易确认的组分转移进行其他检验,可作为一种处理不同种类的大量样品时快速定性和半定量分析的方法。

在一定的条件下,某种物质的 R_f 值是常数。R_f 值的大小与物质的结构、性质、溶剂系统、层析材料和层析温度等因素有关。本实验利用薄层层析法分离氨基酸,样品中的各种氨基酸在两相溶剂中不断进行分配。由于不同氨基酸之间的分配系数不同,它们随流动相移动的速率就不同,于是将这些氨基酸分离开来,形成距原点距离不等的层析点。

三、实验仪器、试剂与材料

1. 实验仪器

层析缸、喷雾器、烘箱和吹风机等。

2. 实验试剂

(1)扩展剂:将 20 mL 正丁醇和 5 mL 冰乙酸放入分液漏斗中,再一边搅拌一边缓慢加入 15 mL 蒸馏水,充分振荡。静置后分层,弃去下层水层,即可得到扩展剂。

(2)显色剂:0.1%水合茚三酮正丁醇溶液。称取 0.1 g 水合茚三酮,使用正丁醇溶解,并转移至 100 mL 容量瓶中,加入正丁醇稀释至刻度线。

(3)氨基酸溶液:分别用蒸馏水配制 5 mL 浓度为 0.5%的赖氨酸、脯氨酸、缬氨酸、苯丙氨酸和亮氨酸溶液。此外,再配制 5 mL 这 5 种氨基酸的混合溶液(各组分浓度均为 0.5%)。

3. 实验材料

层析硅胶薄板等。

四、实验内容

(1)取 20 mL 左右扩展剂,置于密闭的层析缸中。

(2)取一块层析硅胶薄板(长 10 cm、宽 10 cm)。在层析板的一端距边缘 1～2 cm 处用铅笔划一条直线，在此直线上每间隔一定距离做记号。

(3)点样：用毛细管将各氨基酸样品分开点在 6 个不同的位置上，等待其干燥后再点一次。每个样品点在层析板上的扩散直径不超过 3 mm。点样时，必须等待第一滴样品干燥后再点第二滴。为使样品快速干燥，可用吹风机吹干。

(4)扩展：将层析板斜靠于层析缸中(点样的一端在下方，扩展剂的液面须低于点样线)。待溶剂上升至层析板高度 3/4 左右时取出层析板，用铅笔描出溶剂前沿界线，然后自然干燥或用吹风机热风吹干。

(5)显色：用喷雾器均匀喷上 0.1%茚三酮正丁醇溶液，然后将薄板置于烘箱中烘烤(100 ℃) 5 min(或用热风吹干)，即可显出各层析斑点。

(6)计算各种氨基酸的 R_f值。

五、实验注意事项

(1)茚三酮反应很灵敏，应避免手、唾液等污染样品和层析板，以防影响实验结果。

(2)易挥发酸和有机溶剂须临用前配制，并尽量避免挥发。

(3)在进行点样操作时，须严格控制点样位置及点样直径，以防止层析后氨基酸斑点过度扩散和重叠，影响分离效果。

六、讨论与思考

(1)薄层层析法分离鉴定氨基酸的实验中，固定相和流动相分别是什么？

(2)何谓 R_f值？影响 R_f值的主要因素有哪些？

(3)如何进行蛋白质的氨基酸组成分析(定性和定量)，简述其原理和操作步骤。

(郑允权编写)

实验 2 的教学课件

实验3 紫外吸收法测定蛋白质含量

一、实验目的

(1)了解紫外吸收法测定蛋白质含量的原理。

(2)了解紫外分光光度计的构造和工作原理,掌握其使用方法。

二、实验原理

蛋白质分子中的苯丙氨酸、酪氨酸和色氨酸具有共轭双键结构,在紫外光波长 280 nm 左右具有最大吸收峰。在一定浓度范围内,蛋白质溶液在 280 nm 处的吸光度($A_{280\ nm}$)与其浓度成正比,可用于定量测定。该蛋白质定量检测法操作简单、快速,并且测定的样品可以回收,低浓度盐类不干扰测定。因此,在蛋白质和酶的分离纯化工艺中,广泛用于过程分析。但是,此方法存在一些缺点:①如果待测的蛋白质中,具有紫外光吸收特性的氨基酸残基含量差别较大,会产生一定的误差。该法适用于测定与标准蛋白质氨基酸组成相近的样品。②如果样品中含有其他在紫外区具有吸收的物质(如核酸化合物),会对蛋白质浓度的测定产生干扰。

核酸在 260 nm 处有吸收峰,分别测定 280 nm 和 260 nm 两处的吸光度,通过公式计算,可以适当消除核酸对测定蛋白质浓度的干扰作用。因为不同的蛋白质和核酸的紫外光吸收率不同,所以即使经过校正,测定结果仍可能存在一定的误差。

三、实验仪器、试剂与材料

1. 实验仪器

紫外-可见分光光度计和移液枪等。

2. 实验试剂

标准蛋白质溶液:准确称取经凯氏定氮法校正的牛血清白蛋白,将其配制成浓度为 1 mg/mL 的溶液。

3. 实验材料

待测蛋白质溶液:将鱼蛋白胨用蒸馏水溶解,配制成一定浓度的溶液。

四、实验内容

1. 标准曲线的绘制

按照表 2-5 分别配制不同浓度的牛血清白蛋白标准溶液。选用光程为 1 cm 的石英比色皿,利用紫外-可见分光光度计,测定各浓度牛血清白蛋白标准溶液在 280 nm 波长处的吸光度值($A_{280\ nm}$)。然后,以吸光度值为纵坐标、蛋白质浓度为横坐标,采用计算机软件绘制标准曲线,并拟合线性方程。

表 2-5　牛血清白蛋白标准溶液配制

编　　号	1	2	3	4	5	6	7	8
牛血清白蛋白溶液（1 mg/mL）体积/mL	0	0.5	1.0	1.5	2.0	2.5	3.0	4.0
蒸馏水体积/mL	4.0	3.5	3.0	2.5	2.0	1.5	1.0	0
蛋白质浓度/（mg/mL）	0	0.125	0.250	0.375	0.500	0.625	0.750	1.00
$A_{280\ nm}$								

2. 样品测定

取一定量的待测蛋白质溶液，稀释并使其浓度在标准曲线范围内。按上述方法在 280 nm 波长处测定该稀释样品的吸光度值。将该吸光度值代入拟合线性方程，求出稀释样品的蛋白质浓度，并根据稀释倍数，计算待测样品的蛋白质含量。

五、实验注意事项

（1）不同蛋白质中具有紫外光吸收特性的氨基酸的含量存在差异，在采用紫外吸收法测定蛋白质含量时，由于不同样品中干扰成分差异较大，因此准确性稍差。

（2）在进行紫外波长区比色测定时，应采用石英比色皿。

（3）待测蛋白质样品应完全溶解，并呈现澄清透明状。若样品不溶解，会对入射光产生反射、散射等作用，导致实际吸光度偏高。

（4）若吸光度过高，可能导致检测结果偏离朗伯-比尔定律。在这种情况下，可将样品适当稀释后再进行测定，以降低吸光度，获得准确的测定结果。

六、讨论与思考

（1）蛋白质含量的测定方法有哪些？简述其原理。

（2）用紫外吸收法测定蛋白质含量，与其他测定方法相比，有哪些优点？

（3）如果待测蛋白样品中含有干扰测定的杂质（如核酸），应该如何校正实验结果？

（郑允权编写）

实验 3 的教学课件

实验4　花椰菜中核酸的分离与测定

一、实验目的

(1)掌握分离核酸的原理和操作方法。

(2)掌握定糖法测定核酸的原理和操作方法。

二、实验原理

核酸是脱氧核糖核酸(deoxyribonucleic acid,DNA)和核糖核酸(ribonucleic acid,RNA)组成的生物大分子,为生物体中最基本的物质之一。核酸在生物体内以核蛋白的形式存在,DNA 主要存在于细胞核中,RNA 主要存在于细胞质中。

首先,用低浓度三氯乙酸或高氯酸溶液在低温下抽提花椰菜匀浆,以除去酸溶性小分子物质。接着,用有机溶剂(如乙醇和乙醚等)抽提,以去除脂溶性的磷脂等物质。最后,用浓盐溶液(10% 氯化钠溶液)和 0.5 mol/L 高氯酸溶液(70 ℃)分别提取 DNA 和 RNA,再进行核酸检测。

由于核糖和脱氧核糖有特殊的颜色反应,经显色后所呈现的颜色深浅在一定范围内和样品中所含的核糖和脱氧核糖的量成正比,因此,可用定糖法来定性定量测定核酸。

1. 核糖的测定

常用的核酸测定方法是苔黑酚(3,5-二羟基甲苯)法。当含有核糖的 RNA 与浓盐酸及 3,5-二羟基甲苯混合,在沸水浴中加热 10～20 min 后,会形成绿色复合物。这是因为在酸性环境中,RNA 脱嘌呤后的核糖与酸反应生成糠醛,后者再与 3,5-二羟基甲苯反应,生成绿色物质。需要注意的是,DNA、蛋白质和黏多糖等物质会对测定产生干扰。

$$\text{RNA}+\text{HCl(浓)}+\text{二羟基甲苯}\xrightarrow[FeCl_3]{100\ ℃}\text{绿色复合物}$$

2. 脱氧核糖的测定

常用的脱氧核糖测定方法是二苯胺法。含有脱氧核糖的 DNA 在酸性条件下和二苯胺在沸水浴中共热约 10 min 后,生成蓝色物质。这是因为 DNA 嘌呤核苷酸上的脱氧核糖遇酸生成 ω-羟基-6-酮基戊醛,它再和二苯胺作用产生蓝色物质。此法易受多种糖类及其衍生物和蛋白质的干扰。

$$\text{DNA}+H_2SO_4\text{(浓,少量)}+\text{二苯胺}\xrightarrow{100\ ℃}\text{蓝色物质}$$

虽然上述两种定糖法测定核酸准确性稍差,但它们具有快速简便的优势,能鉴别 DNA 与 RNA,是检定核酸、核苷酸的常用方法。

三、实验仪器、试剂与材料

1. 实验仪器

恒温水浴锅、抽滤装置等。

2. 实验试剂

(1)标准 RNA 溶液(0.1 mg/mL):准确称取 1.0 mg RNA 对照品,用适量蒸馏水溶解(如不溶，可滴加浓氨水调节 pH 至 7.0)，定容至 10.0 mL。

(2)标准 DNA 溶液(0.2 mg/mL)：准确称取 2.0 mg DNA 对照品，用少量 5 mmol/L NaOH 溶液溶解，定容至 10.0 mL。

(3)二苯胺试剂：将 1 g 二苯胺溶于 10%冰乙酸中，再加入 2.75 mL 浓硫酸。可在冰箱中保存 6 个月，使用前在室温下摇匀。

(4)三氯化铁浓盐酸溶液：将 2 mL 10%三氯化铁溶液(用 $FeCl_3 \cdot 6H_2O$ 配制)加入 400 mL 浓盐酸中。

(5)苔黑酚乙醇溶液：将 6 g 3,5-二羟基甲苯溶于 100 mL 95%乙醇中，可在冰箱中保存 1 个月。

(6)其他：丙酮、乙醇、高氯酸和氯化钠等。

3. 实验材料

花椰菜、海砂等。

四、实验内容

1. 核酸的分离

(1)取 20 g 花椰菜的花冠，剪碎后置于研钵中。加入 20 mL 95%乙醇和少量海砂，研磨成浆。然后用布氏漏斗抽滤，弃去滤液。

(2)向滤渣中加入 20 mL 丙酮，搅拌均匀，抽滤，弃去滤液。

(3)再次向滤渣中加入 20 mL 丙酮，搅拌 5 min 后抽干(用力挤压滤渣，尽量除去丙酮)。

(4)在冰盐浴中，将滤渣悬浮在预冷的 20 mL 5%高氯酸溶液中。搅拌，抽滤，弃去滤液。

(5)将滤渣悬浮于 20 mL 95%乙醇中，抽滤，弃去滤液。

(6)滤渣中加入 20 mL 丙酮，搅拌 5 min。抽滤至干，用力挤压滤渣尽量除去丙酮。

(7)将干燥的滤渣重新悬浮在 40 mL 10%氯化钠溶液中。在沸水浴中加热 15 min。放置，冷却，抽滤至干，留滤液。将此操作重复进行一次。将两次滤液合并，此为提取物一。

(8)将滤渣重新悬浮在 20 mL 0.5 mol/L 高氯酸溶液中。在恒温水浴锅中加热到 70 ℃，保温 20 min 后抽滤。收集滤液，此为提取物二。

2. RNA、DNA 的定性检测

1)二苯胺反应

在 5 支试管中，分别按表 2-6 加入各种试剂，混匀，于沸水浴中加热 10 min，观察并记录相关现象。

表 2-6　二苯胺反应

管　　号	1	2	3	4	5
蒸馏水体积/mL	1				
DNA 溶液体积/mL		1			
RNA 溶液体积/mL			1		
提取物一体积/mL				1	
提取物二体积/mL					1
二苯胺试剂体积/mL	2	2	2	2	2

续表

管　　号	1	2	3	4	5
放沸水浴中 10 min 后的现象					

2)苔黑酚反应

在 5 支试管中,分别按表 2-7 加入各种试剂,混匀,于沸水浴中加热 10～20 min,观察并记录相关现象。

表 2-7　苔黑酚反应

管　　号	1	2	3	4	5
蒸馏水体积/mL	1				
DNA 溶液体积/mL		1			
RNA 溶液体积/mL			1		
提取物一体积/mL				1	
提取物二体积/mL	—	—	—	—	1
三氯化铁浓盐酸溶液体积/mL	2	2	2	2	2
苔黑酚乙醇溶液体积/mL	0.2	0.2	0.2	0.2	0.2
放沸水浴中 10～20 min 后的现象					

五、实验注意事项

(1)苔黑酚试剂由浓盐酸配制,应注意使用安全,并采取适当的防护措施。

(2)其他糖及其衍生物、芳香醛、羟基醛和蛋白质等会干扰二苯胺反应,导致实验结果不准确。

(3)在二苯胺试剂中加入乙醛,可增加反应产物的显色深度,从而提高对 DNA 含量检测的灵敏度。

六、讨论与思考

(1)根据本实验现象分析,提取物一和提取物二主要含有什么物质?

(2)若提取得到的 DNA 样品中混有蛋白质和 RNA,如何去除这些杂质?

(3)快速鉴别 RNA 和 DNA 的方法有哪些?简述其原理。

(郑允权编写)

实验 4 的教学课件

实验 5　DNA 的琼脂糖凝胶电泳检测

一、实验目的

(1)掌握琼脂糖凝胶电泳的基本原理。
(2)学习水平式琼脂糖凝胶电泳检测 DNA 的方法和技术。

二、实验原理

凝胶电泳作为研究核酸、蛋白质等生物大分子的一项重要实验技术,被广泛应用。其中琼脂糖凝胶电泳技术是 DNA 分子片断的相对分子质量测定和分子构象研究的重要实验手段。

DNA 分子在琼脂糖凝胶中泳动时有电荷效应和分子筛效应。DNA 分子在 pH 大于其等电点的电泳缓冲液中,其碱基不解离,而磷酸基团全部解离,核酸分子因而带负电荷,电泳时向正极迁移;在 pH 小于其等电点的溶液中,带正电荷,向负极移动。由于核糖磷酸骨架结构上的特性,相同数量的双链 DNA 几乎带有等量的电荷,因此在一定的电场强度下,DNA 分子的迁移速度取决于分子筛效应,即 DNA 分子本身的大小和构型。DNA 分子的迁移速度与相对分子质量的对数值成反比。具有不同的相对分子质量的 DNA 片段泳动速度不同,可进行分离。凝胶电泳不仅可分离不同相对分子质量的 DNA,也可以分离相对分子质量相同,但构型不同的 DNA 分子。

在琼脂糖凝胶中观察 DNA 较为简便的方法是利用荧光染料 SYBR Green Ⅰ 进行染色观察。SYBR Green Ⅰ 是一种能够结合于所有双链 DNA(double-stranded DNA,dsDNA)双螺旋小沟区域的高灵敏度染料,具有绿色荧光。SYBR Green Ⅰ 在游离状态下发出微弱的荧光,但一旦与双链 DNA 结合,荧光大大增强,其最大吸收波长约为 497 nm,最大发射波长约为 520 nm,其染色灵敏度优于溴化乙锭(EB),比 EB 灵敏 20～100 倍。SYBR Green Ⅰ 用于电泳检测 DNA 时,既可预染,也可电泳后再进行染色。

三、实验仪器、试剂与材料

1. 实验仪器

微波炉、琼脂糖水平电泳系统(包括电泳仪、电源、制胶板等)、紫外透视仪、移液枪等。

2. 实验试剂

(1)琼脂糖(电泳级)。

(2)核酸上样缓冲液(DNA loading buffer):6×,是一种经过改良的六倍浓缩的核酸上样缓冲液。本上样缓冲液以溴酚蓝为指示剂,稀释至 1× 后密度仍然较大,上样时极易下沉,且颜色清晰可见。

(3)核酸电泳缓冲液(Tris-硼酸盐-乙二胺四乙酸,简称 TBE):10×,是 1 mol/L Tris、0.9 mol/L 硼酸和 0.01 mol/L EDTA 组成的缓冲溶液,以制备用于聚丙烯酰胺和琼脂糖凝胶电泳的 0.5× 缓冲液。

(4)核酸凝胶染料(SYBR Green Ⅰ):10000×,是一种可用于检测琼脂糖和聚丙烯酰胺凝胶中双链 DNA(dsDNA)的灵敏染料之一,以 DMSO 制备的 10000×浓缩液,使用时稀释为 100×SYBR Green Ⅰ工作液,加入标准 DNA 溶液和待测样品液中。

3. 实验材料

DNA 大小标准溶液(由特定大小的双链 DNA 片段组成,已混有含溴酚蓝染料的上样缓冲液,在琼脂糖凝胶电泳时作为 DNA 大小标准,又名 DNA marker/ladder)、DNA 待测样品溶液(将 1 μg 待测 DNA 样品溶于 1 mL 灭菌水)。

四、实验内容

(1)配制 0.5×TBE 电泳缓冲液:取 15 mL 10×TBE 电泳缓冲液,加入 285 mL 水,即为 0.5×TBE 电泳缓冲液。

(2)配制 SYBR Green Ⅰ工作液:用 0.5×TBE 电泳缓冲液将 10000×的 SYBR Green Ⅰ稀释 100 倍,即为 SYBR Green Ⅰ工作液。SYBR Green Ⅰ工作液可以在 2~8 ℃下冷藏一个月以上。

(3)制备琼脂糖凝胶:按所分离的 DNA 分子的大小范围,取 0.45 g 琼脂糖,溶解于 30 mL 0.5×TBE 电泳缓冲液中,在微波炉中加热助溶。一定要使其全部溶解,不应有固体颗粒存在。不同目的 DNA 片段大小对应琼脂糖浓度如表 2-8 所示。

表 2-8 琼脂糖浓度对应所分离的线性 DNA 大小范围

琼脂糖浓度/(%)	0.3	0.6	0.9	1.2	1.5	2.0
线性 DNA 大小/kb	60~5	20~1	7~0.5	6~0.4	4~0.2	3~0.1

(4)准备模具:先将有机玻璃内槽置于琼脂糖水平电泳系统制胶板配套的塑料模具中,并保证其水平放于实验台上,把塑料梳子插入有机玻璃内槽两边。

(5)灌制胶板:将琼脂糖凝胶冷却到 60 ℃左右,轻轻摇动混匀。小心倒在胶板上,胶液应充满整个板面。用滴管迅速除去可能产生的气泡,室温下静置 30 min,以使琼脂糖胶液凝固。胶液凝固后,轻轻拔下梳子,即可见到长方形孔格。

(6)准备电泳装置:将琼脂糖凝胶与有机玻璃内槽一并取出,放于电泳槽的中间位置,加样孔端应靠近负极端。在电泳槽内加入 0.5× TBE 电泳缓冲液,液面应高于样品板。

(7)制备 DNA 样品:把待测样品液按以下配制比例在洁净的载玻片上用移液枪吹打几次,使之充分混匀。配制比例如下:2 μL 核酸上样缓冲液(6×)+8 μL 待测 DNA 样品溶液+2 μL SYBR Green Ⅰ工作液;10 μL DNA 大小标准溶液+2 μL SYBR Green Ⅰ工作液。

(8)装载样品:将上述处理后的 DNA 样品用移液枪分别加入琼脂糖凝胶加样孔中,加样时应防止碰坏样品孔周围的凝胶面及穿透凝胶底部。打开电泳仪开关,调节电压至 5~10 kV/cm,开始电泳。点样后刚开始跑样时,电压为 60 V,跑出点样孔后加大电压到 120~150 V。

(9)电泳过程示踪:观察琼脂糖凝胶中示踪染料溴酚蓝条带(蓝色)的移动,当其移动至距胶板前沿 1~2 cm 处,可停止电泳。

(10)紫外透视观察拍照:电泳结束后,将胶槽取出,小心滑出胶块,在紫外透视仪的样品台上平铺一张保鲜膜,把胶块水平放于上面。关上样品室外门,打开紫外灯(254 nm、300 nm 或 360 nm),通过紫外透视仪成像系统观察并拍照保存。比较标准 DNA 的荧光带与待测样品的荧光带,推测待测样品的相对分子质量或其他特性。

(11)实验结束之后,洗净实验器具。

五、实验注意事项

(1)琼脂糖在微波炉中加热时如果融化不均匀,需要加热至微沸 2～3 次,每次 10～15 s,直至完全融化。

(2)琼脂糖凝胶易破碎,操作须轻缓。

(3)一般厚度不超过 0.5 cm,胶太厚会影响检测的灵敏度(厚度可依样品浓度而定)。

(4)为了获得电泳分离 DNA 片段的最大分辨率,电场强度不宜高于 15 V/cm。

(5)DNA 条带形状模糊的原因可能为 DNA 加样过多、电压太高或凝胶中有气泡。

(6)紫外光对人体有损伤作用,开灯时间不宜太长,注意防护。

(7)在预染色方法中,电泳时间不要超过 2 h,否则 SYBR Green Ⅰ 会从 DNA 上分离出来,产生弥散状条带。

(8)SYBR Green Ⅰ 应避光存放,原液保存于 −20 ℃;建议分装冻存,短期可以 4 ℃保存。

六、讨论与思考

(1)琼脂糖作为凝胶电泳的支持物有何优点?

(2)核酸上样缓冲液各成分的作用是什么?

(3)如何通过分析推测样品的相对分子质量或其他特性?

(邵敬伟编写)

琼脂糖水平电泳系统实物图

琼脂糖水平电泳系统制胶板实物图

紫外透视仪实物图

实验 6　果蔬中维生素 C 的提取与含量测定

一、实验目的

(1)掌握从果蔬中提取维生素 C 的方法。

(2)掌握果蔬中维生素 C 含量的测定方法。

(3)加深对天然活性物质提取方法的理解。

二、实验原理

维生素 C(Vitamin C,ascorbic acid)又叫 L-抗坏血酸,是一种水溶性维生素,参与体内复杂的代谢过程,是人体不可或缺的营养物质之一,缺少它时会产生坏血病。维生素 C 在体内虽然含量很少,但起到非常重要的作用,如提高免疫力,预防癌症、心血管疾病、中风,保护牙齿和牙龈,促进胶原蛋白的合成等。

维生素 C 主要存在于新鲜水果及蔬菜中,为白色晶体,溶于水,性质极不稳定,易受热、氧化、光、金属离子和碱破坏,在酸性溶液中较为稳定。故维生素 C 制剂应在干燥、低温和避光处保存;在烹调蔬菜时,不宜烧煮过度并应使其避免接触碱和铜器。

维生素 C 是分子中含 6 个碳原子的多羟化合物,其分子中有 2 个烯醇式羟基,很容易解离出氢离子或释放出氢原子,具有很强的还原性。2,6-二氯酚靛酚(又叫 2,6-二氯靛酚)是一种氧化-还原型指示剂染料,利用维生素 C 的强还原性,可使其从红色的氧化型(在酸性溶液中)还原为无色的还原型酚亚胺,从而使颜色发生显著变化,此反应用于维生素 C 的容量分析或比色测定,见图 2-1。因此,维生素 C 在酸性溶液中用 2,6-二氯酚靛酚滴定,当溶液从无色变成微红色时即表示溶液中的维生素 C 刚刚全部被氧化,此时即为滴定终点,无须另加指示剂。如无其他杂质干扰,样品提取液所还原的标准染料量与样品中所含还原型维生素 C 量成正比。

三、实验仪器、试剂与材料

1. 实验仪器

果蔬榨汁机、电子天平、微量滴定管、移液枪等。

2. 实验试剂

(1)2%(g/mL)草酸溶液:称取 2 g 草酸晶体,溶于 200 mL 蒸馏水。

(2)1%(g/mL)草酸溶液:称取 1 g 草酸晶体,溶于 100 mL 蒸馏水。

(3)标准维生素 C 溶液(1 mg/mL):准确称取 100 mg 纯维生素 C(应为洁白色,如变黄色则不能使用),溶于 1%草酸溶液中,并用 1%草酸溶液定容至 100 mL,贮于棕色瓶中。

(4)0.1%(g/mL)2,6-二氯酚靛酚溶液:准确称取 250 mg 2,6-二氯酚靛酚,溶于 150 mL 含有 52 mg 碳酸氢钠的 200 mL 热水中,冷却后加水定容至 250 mL,在棕色瓶中冷藏(4 ℃)可保存一周左右。

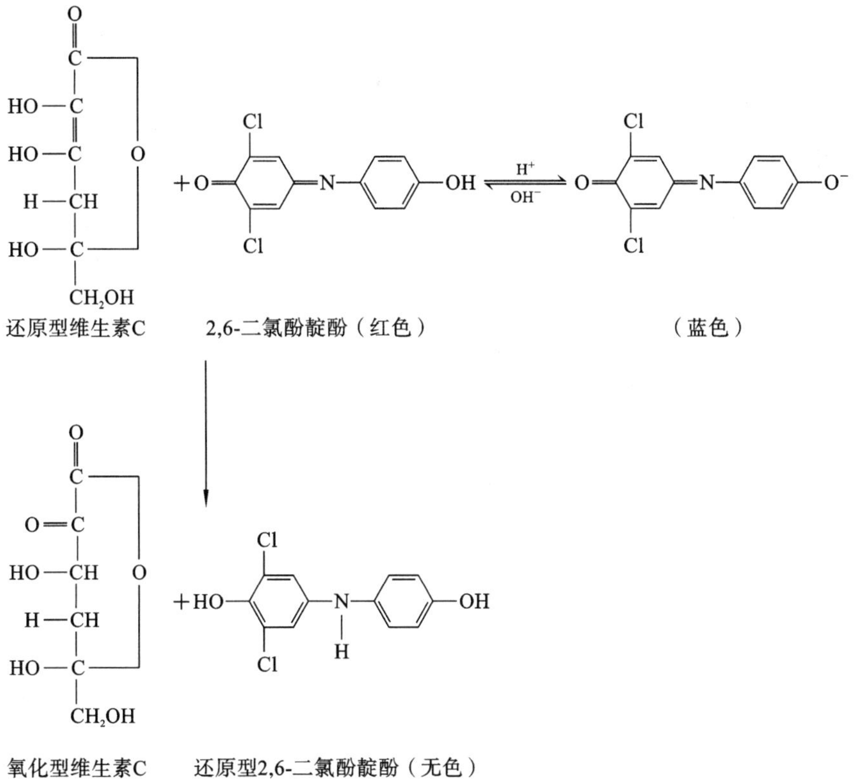

还原型维生素C　　2,6-二氯酚靛酚（红色）　　（蓝色）

氧化型维生素C　　还原型2,6-二氯酚靛酚（无色）

图 2-1　还原型维生素 C 氧化反应

3. 实验材料

整株新鲜蔬菜或整个新鲜水果、纱布、吸水纸等。

四、实验内容

（1）提取：将整株新鲜蔬菜或整个新鲜水果用水洗净，用吸水纸吸干表面水分。然后称取 10 g 或 20 g 蔬菜或水果果肉（水果果皮粉碎后变成乳白色会干扰滴定反应的颜色，需将果皮去净，再用果蔬榨汁机粉碎果肉），加入 20 mL 2%草酸溶液，用果蔬榨汁机搅碎后用四层纱布过滤，滤液备用。滤渣可用少量 2%草酸溶液冲洗几次，合并滤液，滤液使用 2%草酸溶液定容至 50 mL。

（2）标准液滴定：精确吸取 1 mL 1 mg/mL 标准维生素 C 溶液，置于 100 mL 锥形瓶中，加入 9 mL 1%草酸溶液，使用微量滴定管以 0.1% 2,6-二氯酚靛酚溶液滴定至淡红色，并保持 15 s 不褪色，即到达滴定终点。由所用染料体积可计算出 1 mL 染料相当于维生素 C 的质量（mg）。（取 10 mL 1%草酸溶液作空白对照，按上述方法滴定。）

（3）样品滴定：精确吸取滤液两份，每份 5 mL 或 10 mL，分别放入 2 个锥形瓶内，滴定方法同前（两瓶滴定值取平均值）。另取 10 mL 2%草酸溶液作空白对照滴定。

（4）计算：

$$\text{维生素 C 含量(mg/100 g 样品)} = \frac{(V_A - V_B) \times C \times T \times 100}{D \times W}$$

式中：V_A 为滴定样品所耗用的染料的平均体积（mL）；V_B 为滴定空白对照所耗用的染料的平均

体积(mL);C 为样品提取液的总体积(50 mL);D 为滴定时所取的样品提取液体积(5 mL 或 10 mL);T 为 1 mL 染料能氧化维生素 C 的质量(mg)(由操作(2)计算出);W 为待测样品的质量(10 g 或 20 g)。

五、实验注意事项

(1)某些水果、蔬菜(如橘子、西红柿等)浆状物泡沫太多,可加数滴丁醇或辛醇消泡后使用。所检测果蔬组织尽量选颜色较浅的样品。以下两类果蔬组织不宜使用该方法检测:第一类为含过多色素的果蔬组织;第二类为提取液不易过滤的果蔬组织。

(2)整个操作过程应迅速,防止还原型维生素 C 被氧化。滴定过程一般不超过 2 min。滴定所用的染料不应少于 1 mL 或多于 4 mL,若样品中维生素 C 含量太高或太低,可酌情增减样液用量或改变提取液稀释度。提取的浆状物如不易过滤,亦可离心,留取上清液进行滴定。

(3)由于果蔬皮与果核中含有色素、萜烯类物质等干扰性成分,样品处理时尽量除去果蔬皮、核,仅保留可食用部分。

(4)应将果蔬彻底粉碎,使组织中维生素 C 充分溶解。

(5)粉碎果蔬组织时,先加 40 mL 蒸馏水,余下 10 mL 蒸馏水用来冲洗粉碎机内残余果蔬组织,以减少组织提取液的损失。

六、讨论与思考

(1)为了准确检测出样品中的维生素 C 含量,实验过程中应该注意哪些操作步骤?为什么?

(2)简述维生素 C 的生理意义。

(3)2,6-二氯酚靛酚溶液滴定法测定维生素 C 含量有何优缺点?测定误差如何?

(邵敬伟编写)

微量滴定管的
示意图和使用方法

实验 7　蛋白质的制备——从牛奶中提取酪蛋白

一、实验目的

(1)加深对蛋白质胶体溶液稳定因素的认识。

(2)掌握等电点沉淀法制取蛋白质的操作方法。

二、实验原理

蛋白质是一种亲水胶体,在水溶液中蛋白质分子表面形成一个水化层,分离纯化常用方法有沉淀、电泳、透析和层析,在本实验中采用等电点沉淀法从牛奶中提取酪蛋白。

等电点沉淀法的原理:蛋白质是由氨基酸构成的高分子化合物,同氨基酸一样是两性电解质,调节蛋白质溶液的 pH,可使蛋白质分子所带的正、负电荷数目相等,此时溶液中的蛋白质以两性离子形式存在,在外加电场中既不向阴极,也不向阳极移动。这时溶液的 pH 称为该蛋白质的等电点。在等电点条件下,蛋白质溶解度最小,易成沉淀析出。等电点沉淀法是主要利用两性电解质分子在等电点时溶解度最低的原理,多种两性电解质具有不同等电点而进行分离的一种方法。

酪蛋白是牛奶中最重要的蛋白质成分之一,占牛奶蛋白质质量的 80%左右。而根据实验数据统计,每 100 mL 的鲜牛奶中,酪蛋白含量为 3.0～3.5 g。酪蛋白不溶于有机溶剂,因此采用乙醇和乙醚洗涤沉淀物,以除去脂类杂质,可得到较纯的酪蛋白粗品。

三、实验仪器、试剂与材料

1. 实验仪器

恒温减压干燥箱、台式离心机、酸度计、抽滤装置、恒温水浴锅、电子天平、温度计、布氏漏斗、移液枪、表面皿等。

2. 实验试剂

(1)95%乙醇、无水乙醚、三水合乙酸钠 ($NaAc \cdot 3H_2O$)、优级纯乙酸(含量大于 99.8%)。

(2)1%(g/mL)NaOH 溶液:称取 0.1 g NaOH,溶于 10 mL 蒸馏水。

(3)10%乙酸溶液:取 1 mL 优级纯乙酸,加入 9 mL 蒸馏水。

(4)乙醇-乙醚混合溶液:分别取 25 mL 乙醇和 25 mL 无水乙醚溶液,配制成 50 mL 乙醇-乙醚混合溶液。

3. 实验材料

鲜牛奶或奶粉、定性滤纸、精密 pH 试纸。

四、实验内容

1. 配制 pH 4.7 的 0.2 mol/L 乙酸-乙酸钠缓冲液

首先配制 0.2 mol/L 乙酸钠溶液(简称 A 液):称取 27.22 g $NaAc \cdot 3H_2O$,溶解并定容至 1 L。然后配制 0.2 mol/L 乙酸溶液(简称 B 液):称取 12 g 优级纯乙酸(含量大于99.8%),溶解并定容至 1 L。取 A 液 885 mL、B 液 615 mL 混合，即得 pH 为 4.7 的乙酸-乙酸钠缓冲液 1.5 L。

2. 酪蛋白的提取

将 20 mL 牛奶置于小烧杯中，在水浴中加热到 40 ℃，在搅拌下慢慢加入 20 mL 预热到 40 ℃、pH 4.7 的乙酸缓冲液。用精密 pH 试纸或酸度计调 pH 至 4.7(用 1%NaOH 或 10%乙酸溶液进行调整)。牛奶开始有絮状沉淀出现后，保温一定时间使沉淀完全。将上述悬浮液冷却至室温，离心(8000 r/min 4 min 或 4000 r/min 8 min)，弃去上清液，得到酪蛋白粗制品。

3. 酪蛋白的纯化

(1)用少量蒸馏水洗沉淀 3 次(洗涤时将沉淀颗粒用干净玻璃棒充分搅开)，离心(8000 r/min 3 min 或 3000 r/min 10 min)，弃去上清液。

(2)在沉淀中加入 30 mL 95%乙醇。搅拌片刻，将全部悬浊液转移至布氏漏斗中抽滤。取 20 mL 乙醇-乙醚混合溶液洗沉淀，重复 2 次(洗涤时将沉淀颗粒用干净玻璃棒充分搅开)。最后用 20 mL 无水乙醚洗沉淀 2 次，抽干。

(3)将沉淀摊开放在预先称重过的表面皿上，置于恒温减压干燥箱烘干(恒温减压干燥箱提前开，80 ℃ 20 min 即可)，即得酪蛋白纯品。

4. 计算酪蛋白含量和得率

用天平将所得酪蛋白纯品称重，按下式计算酪蛋白含量和得率：

酪蛋白含量(g/mL)＝酪蛋白质量(g)/20 mL

得率＝测得含量/理论含量 ×100%

式中：理论含量为 3.0～3.5 g(酪蛋白)/100 mL(鲜牛奶)。

五、实验注意事项

(1)离心操作过程中，要盖好离心机盖子再离心，以防发生危险。

(2)用精密 pH 试纸或酸度计调 pH 至 4.7，这是等电点沉淀法制备酪蛋白的关键。

(3)本实验需要将产品干燥以计算含量。由于产品自然风干时间过长，因此可采用恒温减压干燥箱烘干的方法代替自然风干方法，且在本实验开始时，提前将恒温减压干燥箱开启并预热到 80 ℃，产品烘干 20 min 左右即可。

(4)精制过程所用乙醚是挥发性、有毒的有机溶剂，在通风橱内操作。

六、讨论与思考

(1)为什么调整溶液 pH 可将酪蛋白沉淀出来？

(2)用有机溶剂沉淀蛋白质的原理是什么？

(3)用乙醇、乙醇-乙醚(体积比为 1∶1)和乙醚洗涤酪蛋白主要是为了除去什么杂质？洗涤顺序能否变换？

(邵敬伟编写)

酸度计的使用方法
及注意事项

实验 8 影响酶促反应速率的因素研究

一、实验目的

(1)了解 pH、温度、激活剂、抑制剂对酶促反应速率的影响。
(2)学习测定酶的最适 pH 的方法。
(3)掌握测定唾液淀粉酶活性的原理及定性方法。
(4)训练学生从多因素多角度分析问题的辩证思维能力。

二、实验原理

酶是一种由生物体内活细胞产生的生物催化剂,是细胞赖以生存的基础。酶催化化学反应的能力称为酶活性(或酶活力),酶活性受许多因素的影响,主要有温度、pH、激活剂和抑制剂等。

酶的化学本质是蛋白质,具有两性电解质的性质,溶液的 pH 对酶催化反应的速率有明显的影响。对每一种酶来说,只能在一定的 pH 范围内才表现其活性,否则酶失活。酶表现最大活性时的 pH 称为酶的最适 pH,一般酶的最适 pH 在 4~8。唾液淀粉酶的最适 pH 约为 6.8。

温度对酶活性有显著影响。在较低的温度范围内,温度降低时酶促反应减弱或停止,温度升高时反应速率加快;超过一定温度后,酶会因热变性而失活,反应速率反而下降,直至酶完全失活。以反应速率对温度作图可得一条钟形曲线,曲线顶点对应的温度为酶作用的最适温度,此温度对应的酶促反应速率最大。大多数动物酶的最适温度为 37~40 ℃,植物酶的最适温度为 50~60 ℃,有些嗜热菌的最适温度可达 70 ℃。此外,酶对温度的稳定性与其存在形式有关。高温可以使酶失活,低温能降低或抑制酶的活性,但不能使酶失活。

使酶由无活性变为有活性或使酶活性增加的物质称为酶的激活剂,能够有选择地使酶活性降低或丧失但不能使酶蛋白变性的物质称为酶的抑制剂。如 Cl^- 是唾液淀粉酶的激活剂,而 Cu^{2+} 为其抑制剂。

唾液淀粉酶是三大唾液腺中腮腺所分泌的一种水解淀粉的酶类,其主要作用是分解淀粉。它可以使淀粉链中的 α-1,4-葡萄糖苷键水解,生成相对分子质量不同的糊精,最后水解为麦芽糖。淀粉被酶水解的程度,可通过遇碘呈不同颜色来观察。淀粉遇碘呈蓝色;糊精按分子从大到小的顺序,遇碘可呈蓝色、紫色、暗褐色和红色,最小的糊精和麦芽糖遇碘不显色。因此,可以通过淀粉水解过程中不同阶段的产物遇碘呈现的颜色的不同来判断淀粉水解程度。

三、实验仪器、试剂与材料

1. 实验仪器

恒温水浴锅、移液枪、计时器、白瓷板等。

2. 实验试剂

(1)0.5%(g/mL)淀粉的 0.3%(g/mL)氯化钠(NaCl)溶液(现用现配):称取 0.5 g 可溶性淀粉,先用少量 0.3% NaCl 溶液(0.3 g NaCl 溶于 100 mL 蒸馏水)加热调成糊状,再用热的 0.3% NaCl 溶液稀释至 100 mL。

(2)0.1%(g/mL)淀粉溶液:称取 0.1 g 可溶性淀粉,先用少量蒸馏水加热调成糊状,再加热水稀释至 100 mL。

(3)0.2 mol/L 磷酸氢二钠(Na_2HPO_4)溶液:称取 $Na_2HPO_4 \cdot 7H_2O$ 26.83 g(或 $Na_2HPO_4 \cdot 12H_2O$ 35.85 g),溶于少量蒸馏水中,移入 500 mL 容量瓶,加蒸馏水稀释至刻度线。

(4)0.1 mol/L 柠檬酸溶液:称取含一个水分子的柠檬酸 10.51 g,溶于少量蒸馏水中,移入 500 mL 容量瓶,加蒸馏水至刻度线。

(5)碘化钾-碘($KI\text{-}I_2$)溶液:将 2 g 碘化钾及 1 g 碘溶于 10 mL 蒸馏水中,使用前稀释 10 倍。

(6)0.1%(g/mL)氯化钠溶液、0.1%(g/mL)硫酸铜($CuSO_4$)溶液、0.1%(g/mL)硫酸钠(Na_2SO_4)溶液。

(7)稀碘液:取 2 g 碘、4 g 碘化钾,溶于 1000 mL 蒸馏水中,贮于棕色瓶中。

3. 实验材料

(1)稀释 50～300 倍的新鲜唾液:在漏斗内塞入少量脱脂棉,下接洁净试管,漱口后收集过滤唾液。取滤液于锥形瓶中,稀释至不同倍数,并充分混匀(本实验要求新鲜唾液稀释为 50～300 倍,因个体差异,可将洁净水在口中多停留 1～2 min,根据不同人唾液淀粉酶活性进行调整)。

(2)0.5% α-淀粉酶溶液:称取 0.5 g α-淀粉酶(固体),溶解于 100 mL 蒸馏水中,摇匀。

(3)pH 试纸。

四、实验内容

1. pH 对酶活性的影响

(1)取 5 个 50 mL 锥形瓶,编号。按表 2-9 中的比例,用移液枪准确添加 0.2 mol/L Na_2HPO_4 溶液和 0.1 mol/L 柠檬酸溶液,制备 pH 5.0～8.0 的五种缓冲溶液。

表 2-9 pH 5.0～8.0 的五种缓冲溶液的制备

锥形瓶编号	0.2 mol/L Na_2HPO_4 溶液体积/mL	0.1 mol/L 柠檬酸溶液体积/mL	缓冲液 pH
1	5.15	4.85	5.0
2	6.31	3.69	6.0
3	7.72	2.28	6.8
4	9.36	0.64	7.6
5	9.72	0.28	8.0

(2)取 6 支干净试管,编号。将 5 个锥形瓶中不同 pH 的缓冲液各取 3 mL,分别加入相应号码的试管中。然后向每支试管中添加 2 mL 0.5%淀粉溶液。第 6 号试管与第 3 号试管的内容物相同。

(3)向第 6 号试管中加入 2 mL 稀释 50～300 倍的唾液(或直接购买 α-淀粉酶,按 0.5%配比的添加量制成人工唾液),摇匀后放入 37 ℃恒温水浴锅中保温。每隔 1 min 从第 6 号试管中取出 1 滴混合液，置于白瓷板上，加 1 滴 KI-I_2溶液，检验淀粉的水解程度。待结果呈橙黄色时，取出试管，用计时器记录保温时间。

（4）以 1 min 的间隔，依次向第 1 至第 5 号试管中加入以上稀释 50～300 倍的唾液 2 mL，摇匀，并以 1 min 的间隔依次将 5 支试管放入 37 ℃恒温水浴锅中保温。然后，按照第 6 号试管的保温时间，依次将各管迅速取出，并立即加入 2～5 滴 KI-I_2溶液，充分摇匀。观察各管呈现的颜色，判断在各 pH 下淀粉水解的程度，可以看出 pH 对唾液淀粉酶活性的影响，并确定其最适的 pH。

2. 温度对酶活性的影响

（1）取 3 支试管，编号后按照表 2-10 配制唾液淀粉混合溶液。

表 2-10　唾液-淀粉混合溶液的配制

试管编号	1	2	3
淀粉溶液体积/mL	1.5	1.5	1.5
稀释唾液体积/mL	1.0	1.0	
煮沸过的稀释唾液体积/mL			1.0

（2）摇匀后，将第 1、3 号试管放入 37 ℃恒温水浴锅中，第 2 号试管放入冰水中。10 min 后取出（将第 2 号试管内液体分为两半），用 KI-I_2溶液来检测第 1、2、3 号试管内淀粉被唾液淀粉酶的水解程度，记录并解释结果。将第 2 号试管剩下的一半溶液放入 37 ℃水溶液中继续保温 10 min，再用 KI-I_2溶液检测。

3. 激活剂和抑制剂对酶活性的影响

（1）取 4 支试管，按表 2-11 编号，编号后加入相应试剂。

表 2-11　不同激活剂或抑制剂处理后的唾液-淀粉混合溶液的配制

试管编号	0.1%淀粉溶液体积/mL	0.1%氯化钠溶液体积/mL	0.1%硫酸铜溶液体积/mL	0.1%硫酸钠溶液体积/mL	水体积/mL	稀释唾液体积/mL
1	2	1				1
2	2		1			1
3	2			1		1
4	2				1	1

（2）加毕，摇匀，同时置于 37 ℃水浴中保温，每隔 2 min 取液体 1 滴，置于白瓷板上用稀碘液试之，观察哪支试管内液体最先不呈现蓝色，哪支试管次之，说明原因。

五、实验注意事项

（1）淀粉溶液需新鲜配制，并注意配制方法。

（2）严格控制温度。在保温期间，水浴温度不能波动，否则影响结果。

（3）严格控制反应时间，保证每管的反应时间相同。

（4）激活剂和抑制剂为影响因素的实验中，从各管取反应液时，应从第 1 管开始依次进行，每次取液前应将滴管用蒸馏水洗净，且每管中加入的底物应是不含 NaCl 的 0.1%淀粉溶液。

六、讨论与思考

(1)何谓酶的最适温度和最适 pH?

(2)通过本实验,影响酶反应速率的因素有哪些?酶有哪些特性?在实际应用中应该注意哪些问题?

(3)为什么要用0.5%淀粉溶液(含0.3% NaCl)?0.3% NaCl 的作用是什么?

(4)激活剂可分哪几类?本实验中 NaCl、$CuSO_4$属于哪种类型?

(邵敬伟编写)

移液枪的使用方法
及注意事项

第3章 药物化学实验

实验1 阿司匹林的合成

一、实验目的

(1)了解相关物质(如阿司匹林、水杨酸和乙酸酐)的理化性质。
(2)掌握酚羟基酰化反应的原理和实验技术,并据此开展阿司匹林的合成。
(3)学习根据反应物、目标产物和副产物之间理化性质差异选择分离纯化的方法。
(4)掌握对药物(阿司匹林)进行初步鉴定的方法。

二、实验原理

阿司匹林(又名乙酰水杨酸)是经典的解热镇痛药。阿司匹林是以水杨酸为原料,以乙酸酐为酰化剂,在浓硫酸催化下,经如下的酰化反应获得:

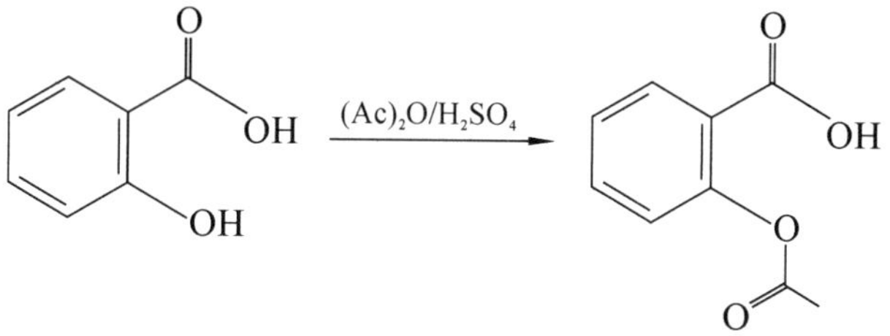

$(Ac)_2O/H_2SO_4$

酰化反应过程中,水杨酸会自身缩合,形成如下聚合物。阿司匹林上的羧基会和碱反应生成水溶性钠盐,由此实现与聚合物的分离。

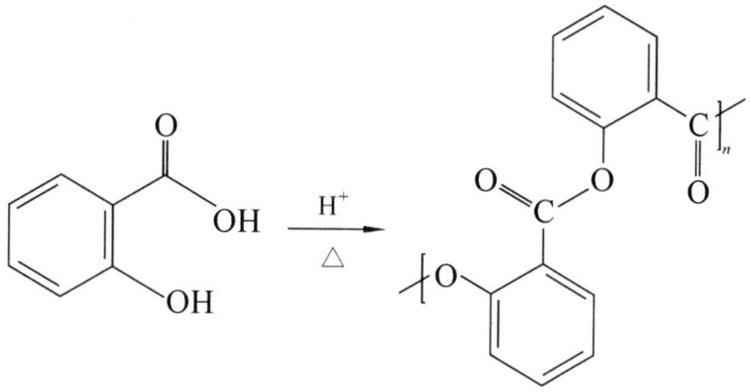

H^+ △

少量未反应完的水杨酸,可用重结晶法除去。

三、实验仪器、试剂与材料

1. 实验仪器

集热式恒温加热磁力搅拌器、循环水式多用真空泵、鼓风干燥箱、熔点仪、暗箱式紫外分析仪等。

2. 实验试剂

水杨酸、乙酸酐、碳酸氢钠、95%乙醇、浓硫酸、浓盐酸、二氯甲烷、甲醇、三氯化铁等。

3. 实验材料

活性炭、GF254 薄层层析板等。

四、实验内容

(1)向装有磁力搅拌子的干燥的 100 mL 或 50 mL 两口或三口圆底烧瓶中加入水杨酸(10 g,0.072 mol)与乙酸酐(25 mL,27 g,0.265 mol),置于集热式恒温加热磁力搅拌器上,边搅拌边滴入浓硫酸(1.5 mL),装上回流冷凝管后,在磁力搅拌下于 70~75 ℃加热 20~30 min。

(2)待混合物冷却到室温时,慢慢加入 20~25 mL 冰水;待反应混合物的沸腾现象平稳后再加入 200 mL 水,用冰水浴冷却 1.5 h,使产物结晶析出。抽滤,用少量冰水洗涤滤饼,得阿司匹林粗品。

(3)将阿司匹林粗品移至 250 mL 烧杯中,加入饱和 $NaHCO_3$溶液,搅拌,直至无 CO_2气泡产生。抽滤,收集滤液,弃去滤渣。

(4)将上述滤液倒入烧杯中,边搅拌边慢慢滴入约 10% HCl 溶液(将 15 mL 浓盐酸加入 40 mL 水中),调节溶液的 pH 为 2 左右,阿司匹林又沉淀析出。用冰水冷却使得阿司匹林结晶完全。抽滤,用少量冰水洗涤滤饼至接近中性,并尽可能抽干滤饼。

(5)将滤饼转移至 150 mL 两口或三口烧瓶中(如有必要,可用少量 35%乙醇转移),并装上回流冷凝管。在搅拌的状态下,于 60 ℃分批加入 35%乙醇,直到滤饼刚好溶解。经冷却析晶、过滤与洗涤后,将滤饼置于鼓风干燥箱中干燥,最后得精制的阿司匹林,称重,计算得率。

(6)通过显色反应和熔点测定对阿司匹林进行初步鉴定。阿司匹林的参考熔点:134~136 ℃。

阿司匹林合成的工艺流程如图 3-1 所示。

五、实验注意事项

(1)用于酰化反应的圆底烧瓶和冷凝管、度量乙酸酐的量筒和滴加硫酸的滴管要预先洗净并干燥。

(2)尽量用新蒸馏的乙酸酐或新购买的乙酸酐,因为长时间放置的乙酸酐遇空气中的水易分解成乙酸。

(3)可对酰化反应进行 TLC 跟踪,确定酰化反应是否完全。具体过程为:取样,溶于二氯甲烷。展开剂为二氯甲烷-甲醇(体积比为 15∶1),对照品为水杨酸和阿司匹林(均溶于二氯甲烷)。在 GF254 薄层层析板上,R_f值大小顺序为:水杨酸<阿司匹林<杂质点(可能为水杨酸的自聚物)。

(4)酰化反应的温度应控制在 70~75 ℃。温度太高会导致水杨酸自身的缩合以及阿司匹林与水杨酸的缩合,生成水杨酰水杨酸酯、乙酰水杨酰水杨酸酯等副产物。

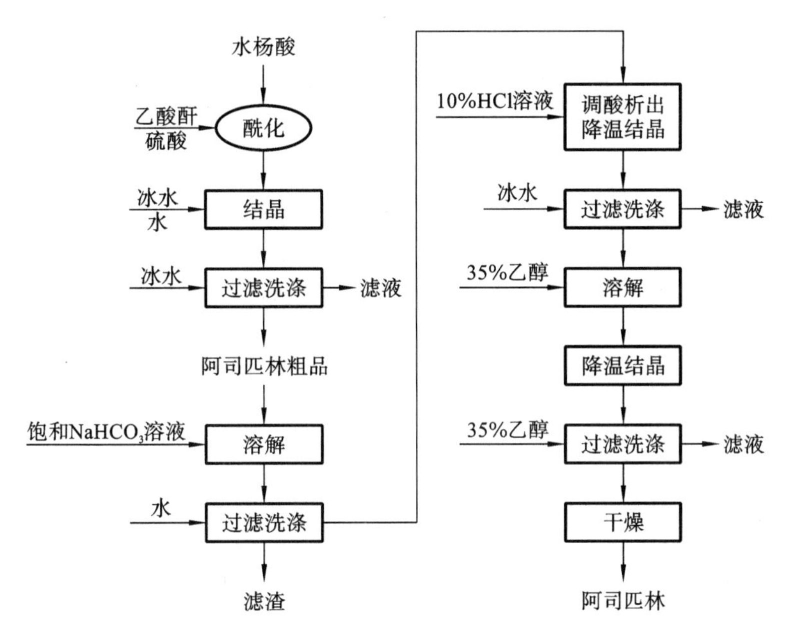

图 3-1　阿司匹林合成的工艺流程

(5)反应结束后,需按少量多次加入冰水,淬灭反应。乙酸酐遇水分解,放热,有蒸汽溢出。

(6)加入 200 mL 水后,有的立即析出大量的白色晶体,有的要冷却后才慢慢析出。有的出现不溶于水的油状物,估计为树脂状的副产物。

(7)配制约 150 mL 的饱和 $NaHCO_3$溶液。在加入饱和 $NaHCO_3$溶液溶解阿司匹林粗品的过程中,要边搅拌边滴加,会产生大量气泡。

(8)35%乙醇的配制方法:将 95%乙醇与水按 1∶2 的体积比混合获得。

(9)阿司匹林纯度的检查方法:取 2 支干净试管,分别放入少量水杨酸和精制的阿司匹林。各加入 1 mL 乙醇,使固体溶解。然后分别向每支试管中加入几滴 10%氯化铁溶液,盛水杨酸的试管中有紫色出现,盛阿司匹林的试管应是稀释的氯化铁本色。倘若盛阿司匹林的试管也有紫色出现,说明所获得阿司匹林产品中含有未反应完的水杨酸。

六、讨论与思考

(1)可以用乙酸代替乙酸酐做酰化剂吗?

(2)为什么反应温度不宜过高?

(3)通过何种简便方法可鉴定出阿司匹林是否变质?

(4)在阿司匹林的合成过程中,要加入少量的浓硫酸,其作用是什么?是否可以用其他酸代替?

(唐凤翔、柯美荣编写)

显微熔点仪的操作说明

实验2 贝诺酯的合成

一、实验目的

(1)了解酰氯合成原理,掌握二氯亚砜作为氯化试剂的实验要求,并开展乙酰水杨酰氯的合成。

(2)基于酰基化反应原理,开展贝诺酯的合成。

(3)对贝诺酯合成过程中的关键环节进行控制。

(4)掌握对药物(贝诺酯)进行初步鉴定的方法。

(5)培养环保意识,能够对在反应过程中放出的有害气体进行无害化处理。

二、实验原理

阿司匹林与二氯亚砜在少量吡啶催化下进行羧羟基的卤置换反应,生成乙酰水杨酰氯(**1**),对乙酰氨基酚(扑热息痛)在氢氧化钠作用下生成钠盐(**2**),再与乙酰水杨酰氯(**1**)进行Schotten-Baumann 酰基化反应,生成贝诺酯(**3**)。相应的反应式如下:

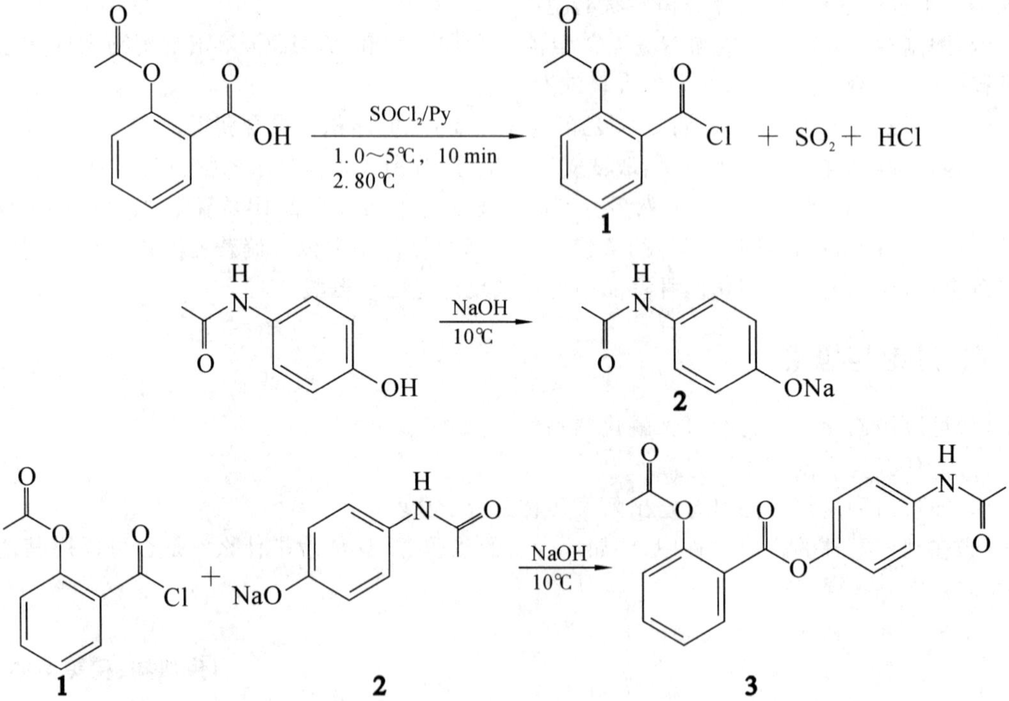

三、实验仪器、试剂与材料

1. 实验仪器

磁力搅拌器、集热式恒温加热磁力搅拌器、旋转蒸发仪、循环水式多用真空泵、低温冷却液循环泵、鼓风干燥箱、熔点仪、暗箱式紫外分析仪等。

2. 实验试剂

阿司匹林、二氯亚砜、丙酮、吡啶、无水硫酸钠、对乙酰氨基酚、氢氧化钠、95%乙醇、乙酸乙酯、石油醚、二氯甲烷、贝诺酯标准品等。

3. 实验材料

活性炭、GF254 薄层层析板等。

四、实验内容

1. 贝诺酯粗品的合成

向装有磁力搅拌子的干燥的 25 mL 两口圆底烧瓶中加入阿司匹林(4.5 g，25 mmol)，在 0～5 ℃冰水浴下用胶头滴管缓慢滴加二氯亚砜(5 mL，69 mmol)，再滴加 2 滴吡啶，用磨口空心塞密封烧瓶口，在磁力搅拌器上搅拌 10 min。迅速在两口圆底烧瓶上安装回流冷凝管，冷凝管上端出口接无水氯化钙干燥管及气体吸收装置(用 5%～10% NaOH 溶液吸收)。以二甲基硅油或丙三醇为加热介质，在集热式恒温加热磁力搅拌器上逐渐升温，使得烧瓶内反应液的温度达到 80 ℃，反应 2 h 后，取少量样品，进行 TLC 分析，判断反应进程。反应完毕后，用旋转蒸发仪减压蒸出过量的二氯亚砜(以无明显白烟冒出为宜)，剩余物即为乙酰水杨酰氯(1)。加入 6 mL 用无水硫酸钠干燥过的丙酮，混匀密封备用。

向 100 mL 三口圆底烧瓶中加入对乙酰氨基酚(3.8 g，25 mmol)、蒸馏水(25 mL)，用冰水冷却至 10 ℃左右，边搅拌边滴加 20%(质量体积浓度，g/mL)NaOH 溶液，使得溶液的 pH=10～11。维持反应液的温度为 8～12 ℃，在强烈搅拌下用恒压滴液漏斗慢慢滴加乙酰水杨酰氯丙酮溶液(约 10 滴/min)；同时，用 35%(质量体积浓度，g/mL)NaOH 溶液调节反应液的 pH，使其保持在 10～11。室温下继续搅拌反应 1.5 h 后，抽滤，用水将滤饼洗至中性。在鼓风干燥箱中烘干滤饼，得贝诺酯粗品。可取少量粗品用乙酸乙酯溶解，进行 TLC 分析。

2. 贝诺酯的重结晶

用少量 95%乙醇将贝诺酯粗品转移至 100 mL 两口或三口圆底烧瓶中，在 80 ℃下加入 95%乙醇至贝诺酯刚好溶解。稍冷后向圆底烧瓶中加入适量活性炭(活性炭的用量视粗品颜色而定)，加热回流(80 ℃)约 20 min，趁热抽滤。滤液放冷析晶，抽滤，以少量 95%乙醇洗涤滤饼两次，将滤饼置于鼓风干燥箱中干燥，得精制的贝诺酯，称重，计算得率。

对贝诺酯进行初步鉴定。贝诺酯的参考熔点：177～181 ℃。

贝诺酯合成的工艺流程如图 3-2 所示。

五、实验注意事项

(1)在实验前，认真查阅二氯亚砜的物理化学性质、用途及使用注意事项。

(2)二氯亚砜有强刺激性气味，能灼伤皮肤，对黏膜有刺激。操作时须穿戴好防护用品。若二氯亚砜溅到皮肤上，立即用大量清水冲洗。实验须在通风橱中进行。

(3)倘若用三甲基硅油作为加热介质，要注意油浴锅内不能溅入水，油水混合过热有发生飞溅的危险。

(4)氯化反应时有 SO_2 和 HCl 两种气体生成，需要搭建尾气吸收装置。为避免倒吸，用于尾气吸收的漏斗不能完全浸没于 NaOH 溶液中。

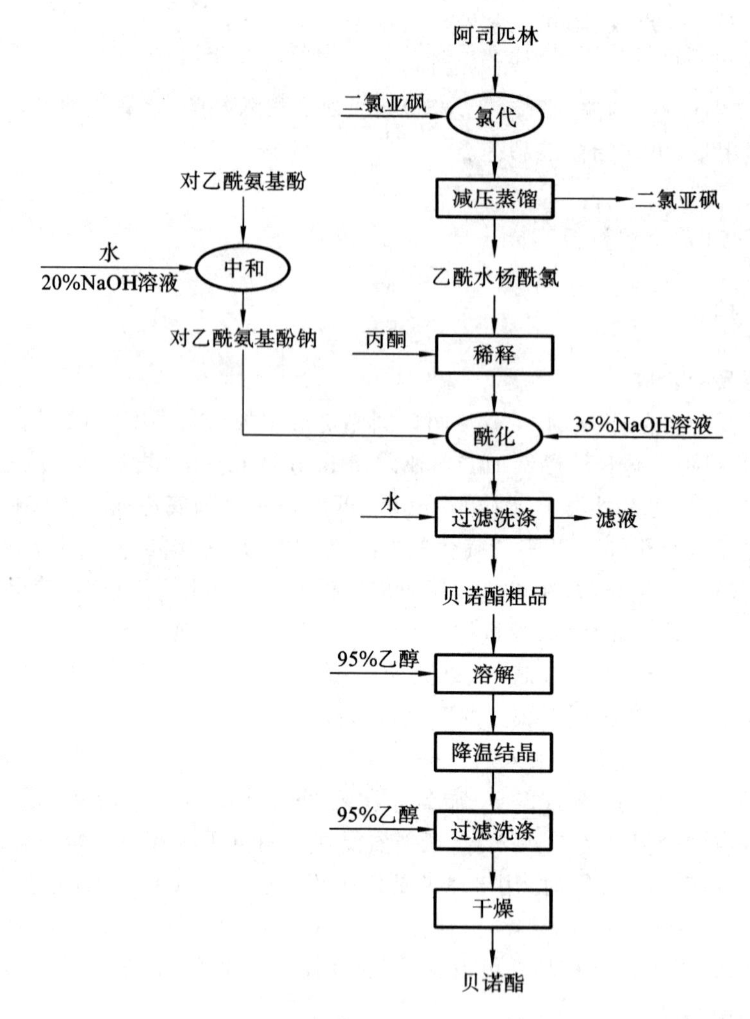

图 3-2 贝诺酯合成的工艺流程

(5)对氯化反应进行 TLC 跟踪时,取少量反应液于 1 mL 离心管中,直接点板或者适当用二氯甲烷稀释后点板。以阿司匹林为对照,以石油醚-乙酸乙酯(体积比为 1∶1)为展开剂进行 TLC 分析(切记点交叉点)。展开剂中石油醚的挥发性强,随着时间的延长,展开剂的极性会愈来愈强。

(6)减压旋蒸二氯亚砜时,为了延长循环水式多用真空泵的寿命,需要用新鲜水不断置换泵内的水。

(7)减压旋蒸二氯亚砜时,注意因为停电或其他原因导致水泵压力变化引起水倒吸。若发现水被吸进接收烧瓶,应立即打开旋转蒸发仪上的放气阀。

(8)乙酰水杨酰氯不能久置,要现制现用。旋蒸结束后,为了避免乙酰水杨酰氯遇空气中的水蒸气水解,一般会在装有乙酰水杨酰氯的单口圆底烧瓶或茄形瓶上塞入磨口空心塞以便暂时保存乙酰水杨酰氯。单口圆底烧瓶或茄形瓶内的气压会因冷却而降低,空心塞有可能无法打开。为了避免这个问题,可用保鲜膜包住空心塞,然后塞入单口瓶。

(9)对乙酰氨基酚碱化时要维持低温,防止其被氧化。

(10)在贝诺酯制备过程中,反应体系涉及强碱,而采用的圆底烧瓶多带有磨口,切记不要让磨口处粘上强碱。

(11)在贝诺酯制备过程中，恒压滴液漏斗在使用前一定要预先检漏。

(12)在贝诺酯的制备中，反应体系 pH 的调控是关键，务必使 pH 维持在 10～11。因此，须确保将未反应的二氯亚砜除尽。如果二氯亚砜没有除干净，会导致反应体系 pH 降低较多。此外，乙酰水杨酰氯的丙酮溶液的滴加速度要有所控制，不宜太快，否则 pH 降低较多。正常情况下，乙酰水杨酰氯(1)与对乙酰氨基酚钠盐(2)反应完全后获得粉色固体悬浮液。当 pH 降低过多时，对乙酰氨基酚析出，出现黄色黏性固体。该黏性固体主要含有对乙酰氨基酚，夹带部分贝诺酯。

(13)对贝诺酯粗品进行 TLC 分析时，要以对乙酰氨基酚、贝诺酯标准品(均以乙酸乙酯为溶剂)为对照，以石油醚-乙酸乙酯(体积比为 1∶1)为展开剂，观察粗品中含有的杂质情况。重结晶后的贝诺酯也可以进行类似分析。

(14)如果贝诺酯粗品较纯，重结晶时贝诺酯粗品和 95%乙醇的质量体积比约为 1 g∶8 mL。

六、讨论和思考

(1)在涉及二氯亚砜的反应中，如何做好自我防护措施？

(2)在贝诺酯的制备过程中，为什么反应体系需维持 pH＝10～11？

(唐凤翔、柯美荣编写)

旋转蒸发仪的操作说明

实验3　苯妥英钠的合成

一、实验目的

（1）通过逆向分析法分析苯妥英钠的合成路线。

（2）理解维生素 B_1（VB_1）作为催化剂的二苯乙醇酮缩合反应机理，理解二苯乙二酮与尿素缩合重排合成苯妥英的反应机理。

（3）开展二苯乙醇酮的合成，并以二苯乙醇酮为原料合成二苯乙二酮，以二苯乙二酮为原料合成苯妥英。

（4）通过查阅文献设计二苯乙醇酮的氧化方法和二苯乙二酮的分离纯化路线。

（5）通过查阅文献设计苯妥英的成盐方案。

（6）掌握对药物及其中间体（二苯乙醇酮、二苯乙二酮和苯妥英）进行初步鉴定的方法。

二、实验原理

苯妥英钠，化学名为5，5-二苯乙内酰脲钠，其化学结构式为

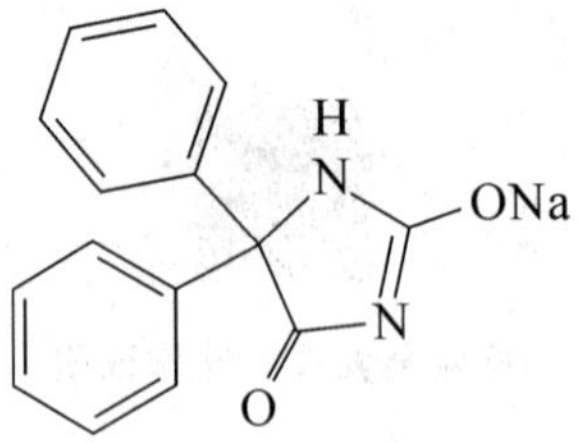

H
N
ONa
N
O

苯妥英钠为抗癫痫药及抗心律失常药。对癫痫大发作疗效好，对精神运动性发作和局限性发作次之，对小发作不但无效，甚至能诱发。常用于抗癫痫、治疗三叉神经痛和坐骨神经痛、抗心律失常及降血压。

苯妥英钠为白色粉末，无臭，味苦；微有吸湿性，易溶于水，溶于乙醇，几乎不溶于乙醚、氯仿；在空气中渐渐吸收二氧化碳而析出苯妥英。

苯妥英钠的合成路线如下：

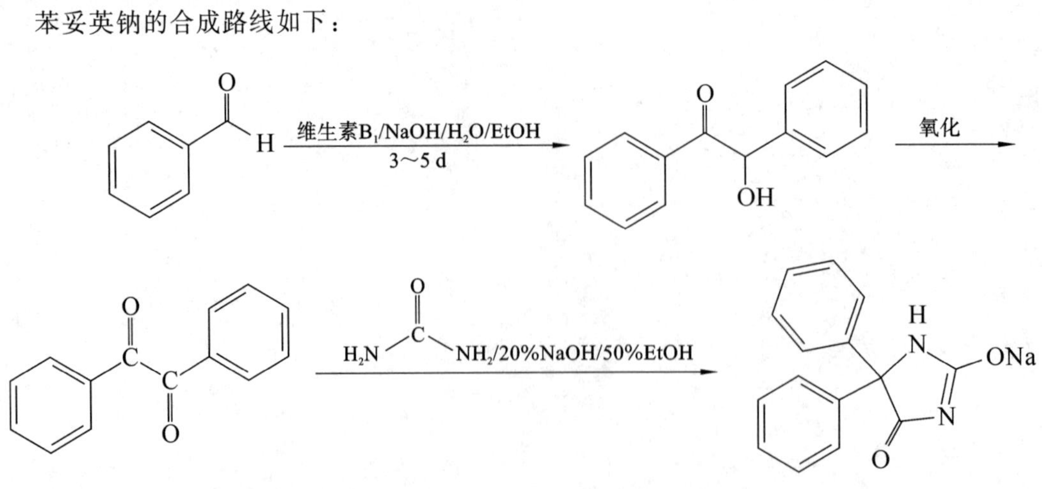

O
H
维生素B_1/NaOH/H_2O/EtOH
3～5 d
O
OH
氧化

O
C
C
O
O
H_2N C NH_2/20%NaOH/50%EtOH
H
N
ONa
N
O

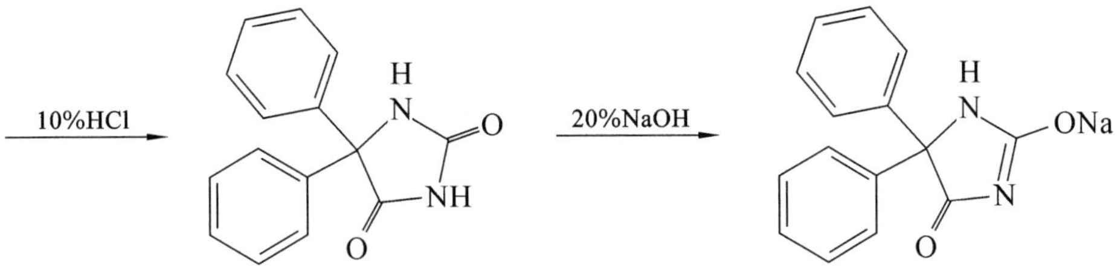

新蒸馏的苯甲醛在维生素 B_1 的催化下缩合成二苯乙醇酮(又名二苯羟乙酮或安息香),二苯乙醇酮被氧化为二苯乙二酮,进而与尿素缩合重排成苯妥英。

三、实验仪器、试剂与材料

1. 实验仪器

磁力搅拌器、集热式恒温加热磁力搅拌器、循环水式多用真空泵、鼓风干燥箱、真空干燥箱、熔点仪、暗箱式紫外分析仪等。

2. 实验试剂

苯甲醛、维生素 B_1 盐酸盐、氢氧化钠、无水乙醇、95%乙醇、硝酸、尿素、硝酸铵、乙酸铜、三氯化铁、乙酸、浓盐酸、石油醚、乙酸乙酯等。

3. 实验材料

活性炭、GF254 薄层层析板等。

四、实验内容

1. 二苯乙醇酮的合成

将足量的水、无水乙醇和 2 mol/L NaOH 溶液提前用冰水浴冷却或置于冰箱中冷却。向 500 mL 锥形瓶内加入维生素 B_1 盐酸盐(8.1 g,24 mmol)、水(30 mL)、无水乙醇(60 mL),并置于磁力搅拌器上搅拌。待维生素 B_1 溶解后,在冰水浴条件下,在磁力搅拌器上边搅拌边滴加 2 mol/L NaOH 溶液(22.5 mL),直到溶液的 pH 达到 9。然后快速加入新购的苯甲醛(22.5 mL,0.22 mol),保持 pH 约为 9。在冰水浴中将反应体系搅拌 40 min,放置 3～5 d 后,抽滤得淡黄色晶体,用 100 mL 冷水分多次洗涤滤饼至中性,得二苯乙醇酮粗品,干燥并称重。

如二苯乙醇酮粗品的熔点偏低(二苯乙醇酮的参考熔点:132～134 ℃),用 95%乙醇重结晶。即将二苯乙醇酮粗品转移入装有回流冷凝管的 250 mL 两口或三口圆底烧瓶中,先加入少量 95%乙醇,在 70 ℃下加入 95%乙醇至粗品全溶,然后逐渐降温至室温,过滤洗涤,获得白色针状晶体,经在鼓风干燥箱中干燥获得二苯乙醇酮。

二苯乙醇酮合成的工艺流程如图 3-3 所示。

2. 二苯乙二酮的合成

查阅文献,确定从二苯乙醇酮制备二苯乙二酮的实验方案。要求提供参考文献,写出反应式与具体的实验步骤,实验步骤中主要反应物的用量要同时用质量和物质的量表示。画出二苯乙二酮合成的工艺流程图,并开展实验。要求对获得的二苯乙二酮进行初步鉴定。二苯乙二酮的参考熔点:94～95 ℃。

3. 苯妥英的合成

在装有磁力搅拌子、温度计、回流冷凝管的 100 mL 三口圆底烧瓶中,加入二苯乙二酮

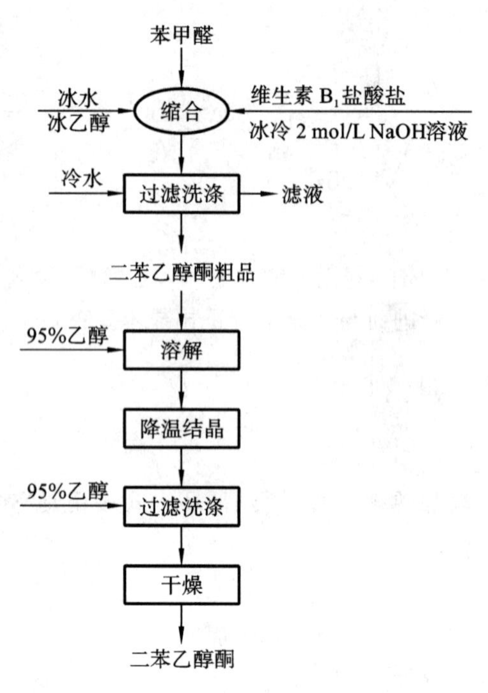

图 3-3 二苯乙醇酮合成的工艺流程

(4 g,19 mmol)、尿素(1.5 g,25 mmol)、20%(质量体积浓度,g/mL)NaOH 溶液(12 mL)、50%乙醇(20 mL),在集热式恒温加热磁力搅拌器上边搅拌边回流 50 min,用 TLC 判断原料二苯乙二酮是否消失。反应完毕后,边搅拌边将反应液倾入 120 mL 冷水中,得浅黄色溶液。待溶液稍冷,加入活性炭,于 75 ℃脱色 15 min。待反应液冷却至室温,抽滤以除去活性炭和副产物(两分子的二苯乙二酮的缩合产物)。用 10% HCl 溶液将滤液的 pH 调至 5～6,放置析出沉淀。待沉淀趋于完全后,抽滤,用少量蒸馏水洗涤滤饼至中性,得苯妥英粗品。若粗品为白色针状晶体,不需要重结晶。倘若为泥状产物,可用 80%乙醇重结晶,最后在鼓风干燥箱中干燥,获得精制的苯妥英。要求对苯妥英进行初步鉴定。苯妥英的参考熔点:293～295 ℃。

苯妥英合成的工艺流程如图 3-4 所示。

4. 苯妥英的成盐与精制

根据文献设计成盐和精制方案。要求写出具体的实验步骤并开展实验。(提示:苯妥英钠易溶于水。)

五、实验注意事项

(1)维生素 B_1 在酸性条件下稳定,但易吸水,在水溶液中易被空气氧化失效;遇光和铁、铜、锰等金属离子可加速其氧化。在 NaOH 溶液中维生素 B_1 的嘧唑环易开环失效,因此 NaOH 溶液在反应前必须用冰水充分冷却,否则维生素 B_1 在碱性条件下会分解。在二苯乙醇酮制备的过程中,pH 的控制很关键。如果一次性将 22.5 mL 2 mol/L NaOH 溶液加入,可能因局部碱性强或温度过高,导致维生素 B_1 失活。此外,苯甲醛易被氧化,最好采用新蒸馏或新购的苯甲醛。

(2)硝酸为强氧化剂,使用时应避免其与皮肤、衣服等接触。氧化过程中,硝酸被还原并产生氧化氮气体。该气体具有一定刺激性,故须控制反应温度,以防止反应激烈时大量氧化氮气

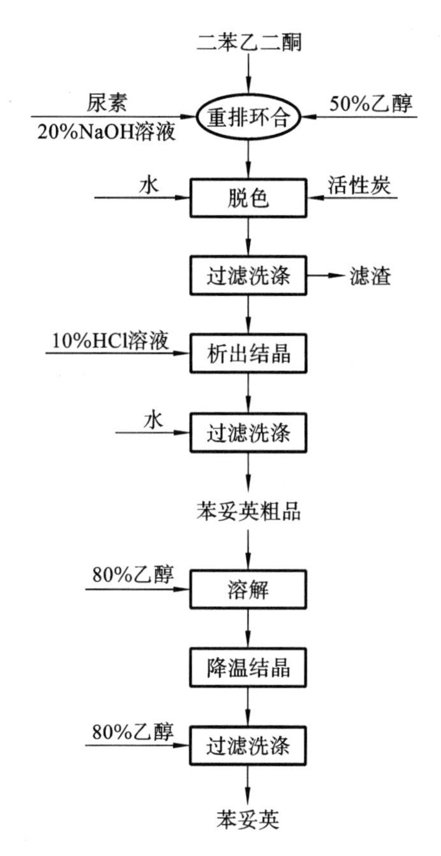

图 3-4　苯妥英合成的工艺流程

体逸出。可用 5%～10% NaOH 水溶液吸收氧化氮气体。

(3)为了确保有 4 g 二苯乙二酮用于苯妥英合成,无论采用哪种二苯乙醇酮氧化方案,二苯乙醇酮的投料量至少为 8 g。

(4)采用稀硝酸对二苯乙醇酮进行氧化的反应是液(水相)-液(油)的两相反应,反应时间较长。在对反应进程进行跟踪时,取样于 1 mL 离心管中,加入适量水稀释,并用适量乙酸乙酯萃取,然后取上清液用 TLC 进行分析。展开剂为石油醚-乙酸乙酯(体积比为 10∶1),对照点为二苯乙醇酮(以乙酸乙酯溶解),交叉点为二苯乙醇酮与上清液。如果获得的二苯乙二酮粗品色泽深,可用 95%乙醇重结晶。

(5)在二苯乙醇酮的氧化实验中,如果采用三氯化铁-乙酸体系,则是均相反应,反应时间较短。在对反应进程进行跟踪时,取样于 1 mL 离心管中,用适量乙酸乙酯稀释,无须萃取。在反应液冷却至室温的过程中,须边冷却边不断搅拌,这样可避免析出大块的黄色固体。如果粗产品带有颜色,可用 95%乙醇重结晶。

(6)在二苯乙醇酮的氧化实验中,若用硝酸铵与乙酸铜作为氧化剂,在乙酸-水体系中,也能得到较好的结果,粗产品不结块。若粗产品带有颜色,可用 95%乙醇重结晶。

(7)在苯妥英的合成过程中,用 TLC 跟踪原料二苯乙二酮是否消失的具体做法为:取样,直接点板,以二苯乙二酮和交叉点(二苯乙二酮与反应液)为对照,以石油醚-乙酸乙酯(体积比为 10∶1)为展开剂,进行 TLC 分析。若反应液中二苯乙二酮消失,则反应完毕。

(8)制备苯妥英钠盐时,若水量较多,收率明显降低,要严格控制加入的水量。

(9)因苯妥英钠在空气中不稳定,需要在真空干燥箱中干燥。

六、讨论和思考

(1)苯妥英钠滤饼为什么要用少量冰水洗涤?

(2)苯妥英的合成为什么在碱性条件下进行?

(唐凤翔、柯美荣编写)

维生素 B_1 催化二苯乙醇酮缩合反应的机理

苯妥英合成的反应机理

实验 4　木蝴蝶苷 A 的合成

一、实验目的

(1)理解木蝴蝶苷 A 的合成路线。

(2)掌握酯化反应原理,并合成黄芩苷甲酯。

(3)掌握还原反应原理,并合成木蝴蝶苷 A。

(4)学会对硼氢化钠作为还原剂的反应体系进行合理的后处理。

二、实验原理

木蝴蝶苷 A 属于天然黄酮类化合物,具有抗氧化、抗炎、免疫调节以及抗金黄色葡萄球菌感染等诸多生理活性。从木蝴蝶中药材中提取纯化木蝴蝶苷 A 较困难,由此获得的木蝴蝶苷 A 价格也较昂贵(约 1 万元/g)。可见,该途径不适用于木蝴蝶苷 A 的大规模制备。也有人构建合适的大肠杆菌菌株,通过生物合成法制备木蝴蝶苷 A,但是该方法易产生非常复杂的副产物,给分离纯化带来诸多困难。因此,有必要设计一条简洁的化学合成路线来大量合成木蝴蝶苷 A。黄芩作为 50 种主要中草药之一,来源非常丰富,而黄芩苷是黄芩的主要有效成分,含量达到 10%以上,因此黄芩苷的价格较低(约 400 元/kg)。黄芩苷和木蝴蝶苷 A 几乎具有相同的结构,其中黄芩苷是黄芩素-7-O-葡萄糖醛酸苷;而木蝴蝶苷 A 是黄芩素-7-O-葡萄糖苷。因此可以黄芩苷为起始原料来合成木蝴蝶苷 A。相应的反应式如下:

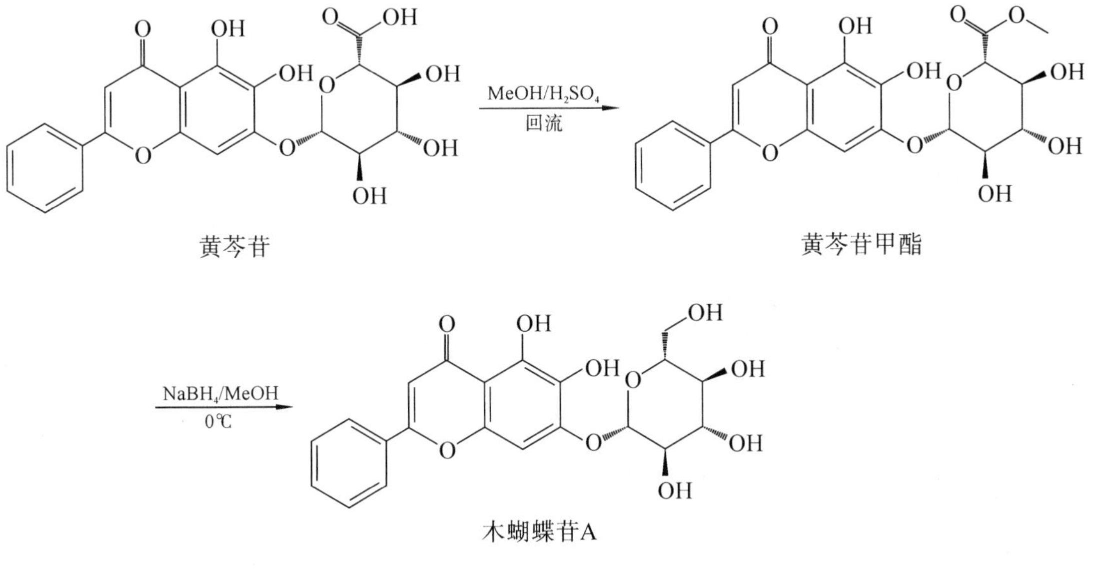

黄芩苷 —— $MeOH/H_2SO_4$, 回流 ——→ 黄芩苷甲酯

—— $NaBH_4/MeOH$, 0℃ ——→ 木蝴蝶苷A

三、实验仪器、试剂与材料

1. 实验仪器

集热式恒温加热磁力搅拌器、循环水式多用真空泵、鼓风干燥箱、熔点仪、暗箱式紫外分析

仪等。

2. 实验试剂

甲醇、浓硫酸、硼氢化钠、二氯甲烷、浓盐酸、N,N-二甲基甲酰胺(DMF)、乙酸乙酯等。

3. 实验材料

黄芩苷(85%)、活性炭、GF254 薄层层析板等。

四、实验内容

1. 黄芩苷甲酯的制备

在 150 mL 单口瓶上安装回流冷凝管和气球。向单口瓶内加入黄芩苷(1.0 g,2.2 mmol)、甲醇(30~60 mL)、浓硫酸(1~2 滴)。在集热式恒温加热磁力搅拌器上加热回流 90 min 后,通过 TLC 确定反应程度。反应完全后,移去集热式恒温加热磁力搅拌器,让反应液冷却至室温,获得黄芩苷甲酯的甲醇溶液。

2. 木蝴蝶苷 A 的制备

将上述黄芩苷甲酯的甲醇溶液置于 0 ℃的冰水浴中,边搅拌边向该溶液中分批加入硼氢化钠(0.85 g,22 mmol)。若出现胶状沉淀,可补加甲醇。于室温搅拌 30~60 min,用 TLC 确定反应是否完全。

3. 木蝴蝶苷 A 的纯化

反应结束后,往反应瓶内缓慢加入 30 mL 水,室温下搅拌 5 min,边搅拌边用 1 mol/L HCl 溶液慢慢调节 pH 至 5,得到大量的黄色固体。过滤并用水洗涤滤饼至中性,干燥即得木蝴蝶苷 A 粗品。若得到的粗品呈黄绿色或抹茶色,需要进行重结晶,即在室温条件下用适量的 DMF 溶解黄绿色固体,慢慢加入 3~5 倍体积的水析出固体,再经过滤、水洗、在鼓风干燥箱中干燥,得木蝴蝶苷 A。

对木蝴蝶苷 A 进行初步鉴定。木蝴蝶苷 A 的参考熔点:221~222 ℃。

图 3-5 给出了木蝴蝶苷 A 合成的工艺流程。

五、实验注意事项

(1)在黄芩苷甲酯的合成过程中,TLC 跟踪反应进程的具体步骤为:取样于 1 mL 离心管中,用适量甲醇稀释。展开剂为二氯甲烷-甲醇(体积比为 5∶1),对照点为原料黄芩苷,交叉点为黄芩苷、反应液,均以甲醇稀释。可能有一极性比黄芩苷甲酯更小的点出现,为成醚产物。

(2)在黄芩苷甲酯的合成过程中,黄芩苷甲酯在甲醇中的溶解性不太好,有大量黄色絮状沉淀析出。加入硼氢化钠后,沉淀又逐渐溶解。

(3)在还原反应过程中,硼氢化钠应少量多次加入。

(4)在木蝴蝶苷 A 的制备过程中,TLC 跟踪反应进程的具体步骤为:取样于 1 mL 离心管中,加入适量 1 mol/L HCl 溶液淬灭后再用乙酸乙酯萃取,取上清液进行点样。展开剂为二氯甲烷-甲醇(体积比为 5∶1),对照点为黄芩苷与黄芩苷甲酯,均以甲醇稀释。

(5)在木蝴蝶苷 A 的纯化过程中,当将 pH 调至 5 时,若没有沉淀出现,需再搅拌几分钟才出现沉淀。

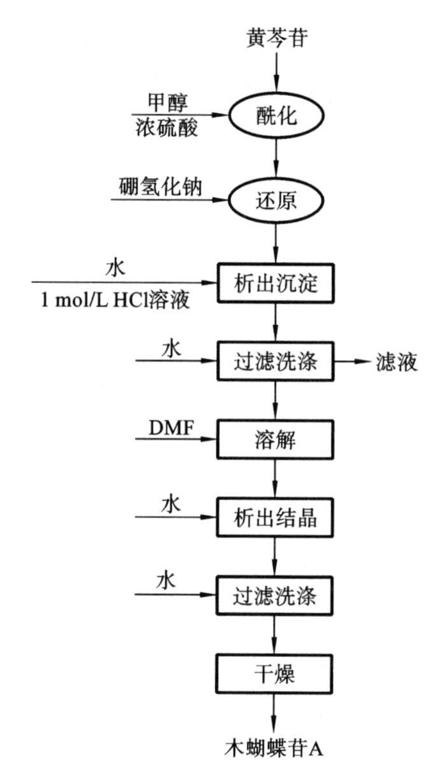

图 3-5　木蝴蝶苷 A 合成的工艺流程

六、讨论与思考

(1)可通过哪些方案提高木蝴蝶苷 A 的收率?

(2)如果所测定的木蝴蝶苷 A 熔点值偏高,可能的原因是什么?

(唐凤翔、柯美荣、陈海军编写)

关于木蝴蝶苷 A 合成的参考文献

实验5 相转移催化合成扁桃酸

一、实验目的

(1)掌握相转移催化反应原理,了解常用的相转移催化剂。

(2)通过相转移催化反应合成扁桃酸,掌握相转移催化反应的实验方法。

(3)了解药物小分子常用的结构表征方法,培养药品质量意识。

二、实验原理

1. 扁桃酸及其合成路线

扁桃酸(mandelic acid)又名苦杏仁酸,化学名为 α-羟基苯乙酸,白色晶体,见光变色分解,有微臭,熔点为 118～121 ℃。它是重要的化工原料,亦是合成血管扩张药环扁桃酸及滴眼药羟苄唑等的中间体。在国内外已有许多研究证实扁桃酸可用于皮肤的治疗。

本实验采用二氯卡宾法制备扁桃酸,即氯仿在三乙基苄基氯化铵为相转移催化剂的条件下,在浓氢氧化钠溶液中发生 α-消除反应生成二氯卡宾,再与苯甲醛反应制得扁桃酸,相应的合成路线如下:

$$PhCHO \xrightarrow{:CCl_2} \text{(2,2-二氯环氧化物)} \xrightarrow{重排} PhCHClCOCl \xrightarrow{NaOH} \xrightarrow{H_2SO_4} PhCH(OH)COOH$$

扁桃酸

2. 相转移催化反应及其机理

相转移催化反应是指在非均相的合成反应中,加入少量的第三种物质(即相转移催化剂),使一种反应物从一相转移到另一相中,变非均相反应为均相反应,从而有利于反应的顺利进行。相转移催化反应具有加快反应速率、降低反应温度、简化操作、提高收率以及使一些难以进行的反应顺利完成等优点,因此在药物合成中的应用日趋广泛。

相转移催化反应机理(以液-液相转移催化反应体系为例)如图 3-6 所示。在两个互不相溶的液相中,一相(一般是水相)中含有盐(一般是碱或亲核试剂),记为 M^+Y^-,另一相是溶解待反应有机物(记为 R—X)的有机相。因为两相互不相溶,反应难以进行。若加入相转移催化剂(如𬭩盐类化合物季铵盐或季鏻盐,记为 Q^+X^-,其所含的亲脂性阳离子 Q^+ 在有机相和水相都有良好的溶解度),当它和含盐 M^+Y^- 的水相接触时,便与盐溶液中的阴离子 Y^- 发生交换形成离子对 Q^+Y^-,进入有机相。因此,阴离子 Y^- 也被带入有机相,并与有机物 R—X

发生反应，而 Q^+ 与离去基团 X^- 生成的离子对 Q^+X^- 返回水相中，在水相中 Q^+ 又与新 Y^- 离子结合成离子对，再进行下一循环。

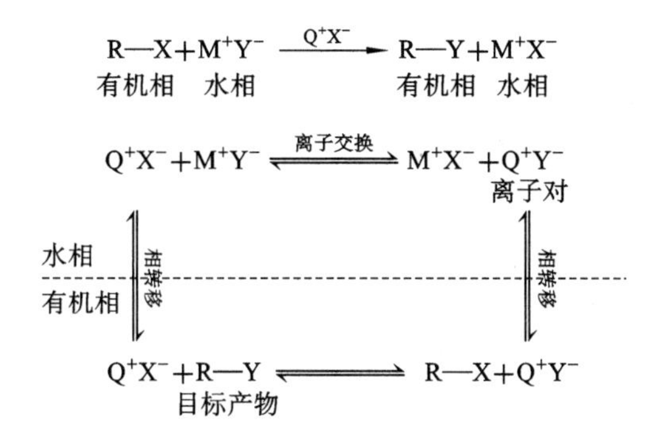

图 3-6　液-液相转移催化反应机理示意图

Q^+X^- 为鎓盐类相转移催化剂；M^+Y^- 为水相反应试剂；R—X 为有机相反应试剂

3. 常见的相转移催化剂

常用于相转移反应的催化剂有以下三类：

(1)鎓盐类：季铵盐、季鏻盐、砷盐、锍盐等，其中常见的为季铵盐和季鏻盐，如三乙基苄基氯化铵、三甲基苄基氯化铵、溴化铵或氢氧化铵、四丁基溴化铵、十六烷基三甲基溴化铵、三丁基十六烷基溴化鏻、乙基三苯基溴化鏻等。

(2)冠醚类：冠醚能与某些金属离子(K^+、Na^+、Li^+)配位而溶于有机相，如 15-冠-5、18-冠-6、二苯并 18-冠-6 等(图 3-7)。

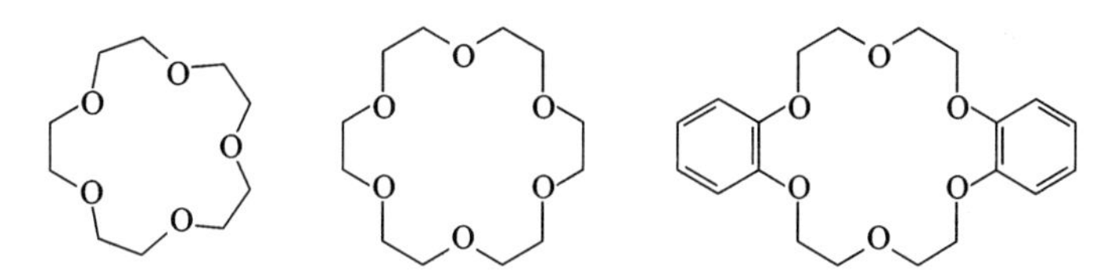

图 3-7　冠醚类相转移催化剂结构示意图

(3)开链聚醚：聚乙二醇、聚乙二醇二烷基醚等。

三、实验仪器、试剂与材料

1. 实验仪器

集热式恒温加热磁力搅拌器、旋转蒸发仪、循环水式多用真空泵、低温冷却液循环泵、鼓风干燥箱、暗箱式紫外分析仪等。

2. 实验试剂

苯甲醛、三乙基苄基氯化铵、氢氧化钠、氯仿、乙酸乙酯、正己烷、甲醇、二氯甲烷、浓硫酸、甲苯、无水硫酸钠。

3. 实验材料

滤纸、pH 试纸、GF254 薄层层析板等。

四、实验内容

1. 扁桃酸的制备

向装有搅拌子、温度计、回流冷凝管及滴液漏斗的 100 mL 圆底三口烧瓶中加入苯甲醛(5.31 g,50 mmol)、三乙基苄基氯化铵(0.68 g,3.0 mmol)和氯仿(8 mL,100 mmol)。在集热式恒温加热磁力搅拌器上边搅拌边缓慢加热,待温度升到 55～65 ℃时,缓慢滴入 16 mL 50%(质量体积浓度,g/mL)NaOH 溶液,控制滴加速度(约 1 h 滴加完毕),维持反应温度在 55～65 ℃。加料完毕后,再在此温度下继续搅拌 2 h,通过 TLC 检测反应程度,反应完毕后停止加热。

2. 扁桃酸的纯化

将反应混合物冷至室温后,停止搅拌,将反应液倒入 120 mL 水中,用乙酸乙酯对水相进行洗涤(3×15 mL)。水层用 50% H_2SO_4 溶液酸化至 pH＝2～3,再用乙酸乙酯萃取(3×15 mL),合并乙酸乙酯萃取液,用无水硫酸钠干燥,过滤,减压旋蒸除去乙酸乙酯,得扁桃酸粗品,称量并计算产率。

3. 扁桃酸的精制

粗品按 1 g 加入 1.5 mL 甲苯的比例进行重结晶,得到白色晶体,在鼓风干燥箱中干燥,称量,计算产率。

扁桃酸合成的工艺流程如图 3-8 所示。

4. 结构验证

利用红外吸收光谱法、标准物薄层色谱对照法或氢核磁共振光谱法对化合物结构进行表征。

五、实验注意事项

(1)苯甲醛若放置过久,使用前应先进行纯化处理。

(2)严格控制 50%NaOH 溶液的滴加速度和反应温度,滴加速度不宜过快,每分钟 4～5 滴。

(3)用 50% H_2SO_4 溶液酸化时应酸化至强酸性。

(4)两次萃取时务必弄清楚产物在哪一相(有机相或水相)。

(5)重结晶时,若粗品不溶可用水浴适当加热。

(6)对扁桃酸制备的反应进行 TLC 跟踪时,以正己烷-乙酸乙酯(体积比为 10∶1)为展开剂;对扁桃酸产品进行 TLC 分析时,以甲醇-二氯甲烷(体积比为 1∶1)为展开剂。

六、讨论与思考

(1)50% NaOH 溶液的滴加速度和反应温度对本实验有何影响?

(2)反应完毕后,酸化前后都分别用乙酸乙酯萃取,其作用分别是什么?

(3)写出该实验中氯仿在 NaOH 溶液中通过相转移催化反应生成二氯卡宾的反应机理。

(4)除了本实验外,再举例说明相转移催化反应在药物合成的应用。

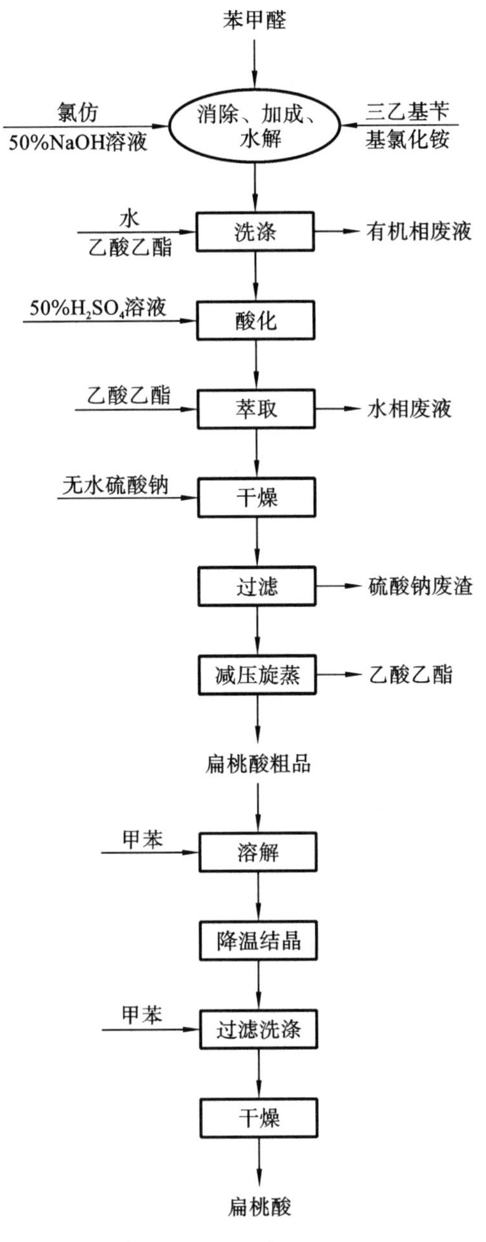

图 3-8　扁桃酸合成的工艺流程

（柯美荣、唐凤翔编写）

扁桃酸的红外吸收光谱图

扁桃酸的核磁共振氢谱图

实验6　计算机辅助药物设计

一、实验目的

（1）了解计算机辅助药物设计的主要原理。

（2）了解主要对接软件 MGLTools 和 AutoDock Vina 的使用方法。

（3）掌握计算机辅助药物设计中分子对接的使用方法。

二、实验原理

计算机辅助药物设计（computer aided drug design，CADD）是以计算机为载体，综合运用物理、化学和生物学等多种基础学科的基本原理和数学知识，对药物研发的各个阶段进行辅助解释、预测和设计。

计算机辅助药物设计主要围绕药物研究的两个研究对象——受体和配体——展开一系列研究，包括生成虚拟小分子、预测大分子结构、研究定量构效关系、构建药效团模型、分子对接、全新药物设计和动态模拟等。这些研究需要具有从基因到蛋白质、从序列到结构、从大分子到小分子、从单个对象到复杂网络、从物理模型到数学模型再到计算机实现、从基础研究到临床研究等多方面专业知识的储备。其中分子对接用于研究配体小分子和受体大分子的相互作用，通过几何匹配和能量匹配实现分子间相互识别，找到最佳匹配模式。分子对接在计算机辅助药物设计当中具有十分重要的意义。

本实验主要采用的软件有：①必备软件，如 Accelrys Discovery Studio Visualizer、MGLTools、AutoDock Vina、ChemOffice；②可选软件，如 PyMOL。MGLTools 软件套件由美国斯克里普斯研究所计算结构生物学中心的 Sanner 实验室开发，用于分子结构的可视化和分析。MGLTools 包括 Python 分子浏览器（PMV）、通用分子浏览器 AutoDockTools（ADT），以及一套专门为支持 AutoDock 用户而开发的 PMV 命令集。AutoDock Vina 作为一个用于分子对接的开源程序，由美国斯克里普斯研究所分子图形实验室的 Oleg Trott 博士开发。AutoDock Vina 具有准确度高、兼容性强、快速、易使用等特点。在对接过程中，某些受体侧链可以选择作为灵活侧链处理，这极大地提高了结合模式预测的准确度。ChemOffice 作为一款综合性化学应用软件，主要包含 ChemDraw、Chem3D 和 ChemFinder 等模块，功能强大，科研人员可将其用于分子结构绘制、设计、分析和优化。该软件具有强大的分子建模和可视化功能，可自动生成化学分子三维结构，并进行分子优化和模拟。Accelrys Discovery Studio Visualizer 和 PyMOL 可以用于三维可视化，帮助科研工作者进行分子结构预处理、分析和可视化。

分子对接基本流程包括以下三个步骤：对接前的结构准备工作，包括受体大分子结构与小分子化合物（库）；分子对接，包括构象搜索和打分评价；分析对接结果，包括构象分析、结合模式分析、打分评价和作用力分析等。其中分子对接主要是围绕受体活性位点的氨基酸残基形成一个范围更大的 Box（盒子），用不同类型的原子作为探针进行扫描，计算格点能量，然后配体在 Box 范围内进行构象搜索，根据配体的不同构象、方向、位置以及能量等进行评分，最后对计算结果进行排序。

本实验选用的受体大分子是 B-RAF(V600E),PDB ID:3OG7。B-RAF(V600E)是 B-RAF 基因 V600E 突变,是多个恶性肿瘤的重要治疗靶点之一。Vemurafenib 作为临床使用的 B-RAF 选择性抑制剂,能有效地抑制 B-RAF(V600E)的活性,主要用于口服治疗 B-RAF(V600E)突变的不可切除或转移性黑色素瘤。

三、实验仪器与软件

1. 实验仪器

普通电脑(预装 Windows 系统)。

2. 软件

必备软件 Accelrys Discovery Studio Visualizer、MGLTools、AutoDock Vina、ChemOffice,可选软件 PyMOL。

3. 受体大分子和配体小分子

本实验选用的受体大分子是 B-RAF(V600E),PDB ID:3OG7。配体小分子选用 Vemurafenib 或者虚拟化合物库。

四、实验内容

1. 受体大分子的准备

(1)通过 Accelrys Discovery Studio Visualizer 和 MGLTools 进行文件准备。

(2)打开 MGLTools 软件中 AutoDockTools,打开并保存 3OG7. pdb。

File>Import>Fetch From Web>选择:Protein Data Bank(PDB)ID:3OG7>确定

File>Save>Write PDB>确定,保存文件为 3OG7. pdb。

(3)打开 Accelrys Discovery Studio Visualizer,删除配体、水分子和其他小分子。

File>Open>3OG7. pdb>确定

View>Hierarchy>选择:Water>删除

View>Hierarchy>选择:Hetatm>删除

File>Save as>3OG7. pdb>确定,保存文件为 3OG7. pdb。

(4)打开 MGLTools 软件中 AutoDockTools,将 3OG7. pdb 转换为 3OG7. pdbqt。

File>Read Molecule>3OG7. pdb>确定,打开 3OG7. pdb 文件。

Edit>Hydrogens>Add Hydrogens>Polar Only>确定

Edit>Charges>Add Kollman Charges>确定

Grid>Macromolecule>选择:pdb name(3OG7)>Select Molecule>确定,保存文件为 3OG7. pdbqt。

Grid>Grid box>首先把 Spacing(angstrom)设为 1 后,将 number of points in x-dimension、number of points in y-dimension、number of points in z-dimension 的数值设在一个合理范围,使晶格能够囊括活性位点区域。

最后把 Center Grid Box(x center、y center、z center)设在一个合理范围,使晶格中心能够在活性位点位置。将 x center、y center、z center、x-dimension、y-dimension、z-dimension 相关数值记录下来。

本实验设定的值可以为 center_x＝1.516，center_y＝－2.316，center_z＝－20.597，size_x＝30，size_y＝30，size_z＝30。

2. 配体小分子的准备

(1)打开 ChemOffice，绘制 Vemurafenib 结构并保存为 Vemurafenib.cdx。

(2)在 Chem3D 中打开 Vemurafenib.cdx，将该结构保存为 Vemurafenib.pdb。

(3)打开 MGLTools 软件中 AutoDockTools，将 Vemurafenib.pdb 转换为 Vemurafenib.pdbqt。

Ligand＞Input＞选择：Vemurafenib.pdb＞Select Molecule for AutoDock4＞确定＞Ligand＞Output＞Save as PDBQT＞保存＞Vemurafenib.pdbqt

虚拟化合物库内的各个化合物操作方法类似。

3. 分子对接

(1)将 AutoDock Vina 的文件解压缩后保存在文件夹 Vina 里面，例如保存路径 C:\Users\administrator\Vina。

(2)将准备好的受体大分子 3OG7.pdbqt 和配体小分子 Vemurafenib.pdbqt 保存在文件夹 Vina 里面。如果要计算虚拟化合物库内的各个化合物，将这些化合物的 pdbqt 文件也保存至文件夹 Vina 里。

(3)准备文件 conf.txt，记事本文档内容如下：

receptor＝3og7.pdbqt

ligand＝Vemurafenib.pdbqt

center_x＝1.516

center_y＝－2.316

center_z＝－20.597

size_x＝30

size_y＝30

size_z＝30

num_modes＝9

保存该内容文件为 conf.txt。

(4)利用程序中的命令提示符进行分子对接计算。

打开 Windows 系统里面的命令提示符，打开路径 C:\Users\administrator\Vina。

在该路径下输入

C:\Users\administrator\Vina＞Vina.exe--config conf.txt--log log.txt

点击回车运行 AutoDock Vina 程序，获得相关计算值。

本实验可获得的数值如下：

Output will be Vemurafenib_out.pdbqt

Detected 8 CPUs

Reading input... done.

Setting up the scoring function... done.

Analyzing the binding site... done.

```
Using random seed:713713008
Performing search... done.
Refining results... done.

mode |affinity    |dist from best mode
     |(kcal/mol) |rmsd l.b. |rmsd u.b.
-----+-----------+----------+----------
1     -11.4       0.000      0.000
2     -10.9       3.817      5.614
3     -10.8       2.452      3.199
4     -10.7       5.269      8.403
5     -10.6       5.752      9.834
6     -10.4       4.851      8.294
7     -10.2       5.568      10.354
8     -10.2       5.215      8.853
9     -10.0       5.127      7.977
Writing output... done.
```

4. 根据计算结果进行整理分析

分子对接结束后会输出对接结果 pdbqt 文件，如本实验中会获得 Vemurafenib_out.pdbqt，可以用 Accelrys Discovery Studio Visualizer 或者 PyMOL 软件打开查看分子对接结果。可以将受体大分子的 pdb 文件导入 PyMOL 后，再将输出的结果 pdbqt 文件导入，然后对受体大分子与配体小分子的结合模式进行深入整理和分析。

五、实验注意事项

(1)注意各个文件的后缀不同。

(2)采用合适的文件进行分子对接。

(3)在各个文件转换的同时，注意查看小分子结构是否有变化。

(4)分析数据时，注意构象的不同。

六、讨论与思考

(1)如何分析各种分子对接的数据？

(2)如何选择对接位点？

(3)如何应用 Accelrys Discovery Studio Visualizer、PyMOL 软件进行分子对接结果分析？

(陈海军编写)

conf 文件

第4章 药剂学实验

实验1 非均相液体制剂的制备及性质测定

一、实验目的

(1)掌握混悬剂的制备方法,并采用分散法制备氧化锌混悬剂。
(2)掌握混悬剂沉降体积比的测定方法。
(3)掌握乳剂的制备方法,并采用湿胶法制备鱼肝油乳剂。
(4)通过稀释法和染色镜检法鉴别乳剂的类型。

二、实验原理

混悬剂系指难溶性固体药物以微粒的状态分散于液体分散介质中形成的非均相分散体系。一个优良的混悬剂应具有下列特征:其药物微粒细小,粒径分布范围窄,在液体分散介质中能均匀分散,微粒沉降速度慢,沉降微粒不结块,沉降物再分散性好。混悬剂微粒的沉降速度与微粒半径、混悬剂黏度的关系最大。通常用减小微粒半径,并加入助悬剂如天然高分子化合物、半合成纤维素衍生物等,以增加介质黏度来降低微粒的沉降速度。

混悬剂的配制方法有分散法与凝聚法。分散法是将固体药物粉碎成一定细度,再根据药物性质分散在适宜的液体介质中。亲水性药物一般先粉碎到一定细度,再加入适量处方中的液体研磨(通常一份固体药物加0.4~0.6份液体为宜),研磨到适宜的分散度,最后加入处方中的液体至全量;疏水性药物必须先加适量的润湿剂研磨,使药物颗粒润湿后再加处方中液体,研磨混匀。

乳剂是由两种互不相溶的液体(通常为水和油)组成的非均相液体制剂。制备时常需在乳化剂帮助下,通过外力做功,使其中一种液体以细小液滴分散于另一种液体中,形成水包油(O/W)型或油包水(W/O)型等类型乳剂。乳剂类型的鉴别,一般用稀释法或染色镜检法。小量制备乳剂多在研钵中进行或于瓶中振摇制得,大量制备乳剂可用搅拌器、乳匀机、胶体磨或超声波乳化器等器械。

三、实验仪器、试剂与材料

1. 实验仪器

显微镜、电子天平、研钵、带塞刻度试管(10 mL)等。

2. 实验试剂

无水乙醇、苏丹红、亚甲基蓝、氧化锌。

3. 实验材料

西黄蓍胶、鱼肝油、阿拉伯胶等。

四、实验内容

1. 混悬剂的制备和沉降体积比的测定

1)处方

按表 4-1 配制氧化锌混悬剂。

表 4-1　氧化锌混悬剂处方

处方号	1	2
氧化锌质量/g	0.5	0.5
西黄蓍胶质量/g		0.1
加蒸馏水至总体积/mL	10	10

2)制法

按表 4-1 中处方 1 用量，称取氧化锌细粉，置于研钵中，加少量蒸馏水研磨均匀，最后加蒸馏水稀释并转移至 10 mL 带塞刻度试管中，加蒸馏水至刻度。

按表 4-1 中处方 2 用量，称取西黄蓍胶，置于研钵中，加几滴无水乙醇润湿均匀，加少量蒸馏水研成胶浆，加入氧化锌细粉，研成糊状，再加蒸馏水研匀，稀释并转移至 10 mL 带塞刻度试管中，加蒸馏水至刻度。

3)沉降体积比的测定

将装有混悬剂处方 1 和处方 2 的两支刻度试管塞住管口，同时翻倒振摇相同次数(或时间)后放置，分别记录 0 min、5 min、10 min、30 min 和 60 min 沉降物的体积(mL)，计算沉降体积比。

2. 乳剂的制备及类型鉴别

1)处方

按表 4-2 配制鱼肝油乳剂。

表 4-2　鱼肝油乳剂处方

处 方 组 成	处　方　量
鱼肝油	2.5 mL
阿拉伯胶	0.6 g
西黄蓍胶	0.035 g
加蒸馏水至总体积	10 mL

2)制法

取蒸馏水 1.3 mL，置于研钵中，加阿拉伯胶和西黄蓍胶，研成胶浆。再将鱼肝油分次少量加入，边加边研磨，至形成初乳，再加剩余蒸馏水至全量，搅匀即得。

3)乳剂类型的鉴别

(1)稀释法：取试管，加入鱼肝油乳剂约 1 mL，再加入蒸馏水约 5 mL，振摇或翻倒数次，观察是否能均匀混合。

(2)染色镜检法:将鱼肝油乳剂涂布在载玻片上,分别加少量油溶性苏丹红染料粉末和水溶性亚甲基蓝染料粉末,待染料均匀分散后,在显微镜下观察乳剂液滴的染色情况。

五、实验注意事项

(1)配制混悬剂处方1和2时,加液量、研磨时间及研磨力度应尽可能一致,在定量转移时要完全。

(2)测定混悬剂沉降体积比的两支试管直径应一致。

(3)制备乳剂时,初乳的形成是关键,最好选用内壁较为粗糙的瓷研钵,容器应洁净、干燥,研磨时宜朝同一方向,用力均匀。

六、讨论与思考

(1)将氧化锌混悬剂沉降体积比 V_u/V_0 的测定结果填入表4-3中,V_0 为混悬液的体积,V_u 为沉降物的体积。

表4-3 混悬剂沉降体积比与时间的关系

时间/min		0	5	10	30	60
处方1	V_u/mL					
	V_u/V_0					
处方2	V_u/mL					
	V_u/V_0					

(2)根据表4-3数据,以沉降体积比 V_u/V_0 为纵坐标,时间为横坐标,绘制处方1和处方2的沉降曲线,并对结果进行分析讨论。

(3)将乳剂类型鉴别所观察到的实验现象记录于表4-4中,对鱼肝油乳剂的类型(W/O、O/W)进行判断,并绘制显微镜下乳剂液滴的染色图。

表4-4 鱼肝油乳剂类型的鉴别

稀释后能否均匀混合	外相染色情况		内相染色情况	
	苏丹红	亚甲基蓝	苏丹红	亚甲基蓝
结论				

(4)根据混悬剂微粒沉降速度公式,简述氧化锌混悬剂处方2中稳定剂的作用机制。

(5)为什么将氧化锌制成混悬剂?哪些情况下可考虑将药物制成混悬剂?

(6)本实验是采用哪种方法制备的鱼肝油乳剂?决定乳剂类型的主要因素是什么?并结合鱼肝油乳剂进行分析。

(万东华编写)

混悬剂微粒沉降速度公式

区别乳剂类型的方法

实验 2　硬胶囊剂的制备及崩解时限检查

一、实验目的

(1)掌握制备硬胶囊剂的工艺过程。

(2)采用胶囊板手工填充胶囊。

(3)检查胶囊剂的装量差异,掌握测定崩解时限的方法。

二、实验原理

银杏叶硬胶囊剂是将银杏叶提取物与适宜辅料充填于硬质空心胶囊中的固体制剂,用于动脉硬化及高血压所致的冠状动脉供血不全、心绞痛、心肌梗死、脑栓塞、脑血管痉挛等疾病的治疗。

硬胶囊剂制备的关键在于药物的填充,填充方法有手工填充与机械灌装两种。药物的流动性是影响填充均匀性的主要因素,对于流动性差的银杏叶提取物,需加入适宜辅料制成颗粒以增加流动性,减少分层。本实验采用湿法制粒,胶囊填充板手工填充。

湿颗粒中含细粉太多,说明黏合剂用量太少,如果颗粒呈长条状,则黏合剂用量太多,这两种颗粒烘干后往往会太松或太硬,都不符合要求。湿颗粒应根据主药和辅料的性质在适宜的温度(一般控制在 50～60 ℃)下尽快通风干燥,对于遇湿及热稳定性较好的药物,干燥温度可适当提高。干燥时应注意颗粒不要铺得太厚,以免干燥时间过长而破坏药物,且干燥过程中要经常翻动。干燥后的颗粒往往粘连结块,需过筛整粒,整粒后即可填充于空硬胶囊中。

三、实验仪器、试剂与材料

1. 实验仪器

胶囊填充板、升降式崩解仪、电子天平、60 目筛、20 目筛、烘箱等。

2. 实验试剂

40%乙醇、羧甲基淀粉钠、糊精、乳糖等。

3. 实验材料

银杏叶提取物、药用淀粉、空胶囊等。

四、实验内容

1. 药物颗粒的制备

1)处方

按表 4-5 制备银杏叶提取物的颗粒。

表 4-5　银杏叶提取物的颗粒处方

处方组成	处　方　量/g
银杏叶提取物	5.0
乳糖	10.0
淀粉	5.0
糊精	2.5
羧甲基淀粉钠	2.5

2)制法

按处方称取主药银杏叶提取物、乳糖、淀粉、糊精和羧甲基淀粉钠,过 60 目筛混匀,加 40%乙醇(2～5 mL)制软材。将软材过 20 目筛制湿颗粒,于 60～70 ℃烘干 30 min,干颗粒用 20 目筛整粒,即得。

2. 硬胶囊的填充

取 20 粒空胶囊,精确称定质量,求平均值。将囊身置于胶囊填充板中,药物颗粒混匀后均匀填入囊身,再套合囊帽,取出胶囊,即得。

3. 装量差异的检查

取 20 粒填充胶囊,分别精确称定质量,算出每粒胶囊内容物的装量与 20 粒的平均装量。每粒装量与平均装量相比较,超出装量差异限度的不得多于 2 粒,并不得有 1 粒超出限度 1 倍(平均装量为 0.3 g 以下,装量差异限度为±10.0%;平均装量为 0.3 g 或 0.3 g 以上,装量差异限度为±7.5%)。

4. 崩解时限检查

将升降式崩解仪的吊篮通过上端的不锈钢轴悬挂于支臂的吊钩上,浸入 1000 mL 烧杯中,调节水浴箱在底架上的位置,使吊篮处于烧杯的中心。调节吊篮位置使其下降至低点时筛网距烧杯底部 25 mm;烧杯内盛温度为 37 ℃的水,调节水位高度使吊篮上升至高点时筛网在水面下 15 mm 处,吊篮顶部不可浸没于溶液中。

取胶囊 6 粒,分别置于上述吊篮的玻璃管中并加挡板,启动崩解仪,各粒均应在 30 min 内全部崩解并通过筛网(囊壳碎片除外)。

五、实验注意事项

(1)银杏叶提取物为中药浸提物,吸水易结块,使用前必须密封。因其黏性大,制粒时不宜用黏合剂,选 40%乙醇作为润湿剂(乙醇浓度过高时制粒细粉多,浓度过低时颗粒易结块)。

(2)胶囊剂易吸潮,应在干燥的环境下快速填装,以保证胶囊剂的质量。

六、讨论与思考

(1)分析药物颗粒处方中各辅料的作用。

(2)将装量差异和崩解时限的检查结果分别记录于表 4-6 和表 4-7 中,并对结果合格与否进行分析判断。

表 4-6　装量差异检查结果

囊壳平均质量________　平均装量________　装量差异限度________%　合格范围________

胶囊剂编号	1	2	3	4	5	6	7	8	9	10
胶囊剂质量/g										
内容物装量/g										
胶囊剂编号	11	12	13	14	15	16	17	18	19	20
胶囊剂质量/g										
内容物装量/g										

表 4-7　崩解时限检查结果

崩 解 时 间/min	是 否 合 格

(3)为什么将银杏叶提取物制成胶囊剂？哪些药物不宜制成胶囊剂？

(4)简述胶囊填充板的主要部件和使用方法。

(万东华编写)

胶囊填充板的使用方法

升降式崩解仪的使用方法

实验 3　软膏剂的制备及稠度测定

一、实验目的

(1)掌握采用熔合法制备油脂性软膏基质的方法。
(2)掌握采用乳化法制备乳剂型软膏基质的方法。
(3)通过感官评价两种软膏基质的细腻程度、黏稠性与涂布性。
(4)掌握软膏稠度的测定方法,并通过锥入度计测定值比较两种软膏基质的稠度。

二、实验原理

软膏剂系指原料药物与适宜的基质溶解或混合制成的均匀的半固体外用制剂。基质占软膏的绝大部分,不仅是软膏的赋型剂,同时也是药物载体,对软膏剂的质量、药物的释放及吸收有重要影响。软膏基质根据组成不同分为油脂性基质、乳剂型基质和水溶性基质。

根据药物与基质的不同性质,软膏剂可用研合法、熔合法和乳化法制备。由半固体和液体成分组成的软膏基质常用研合法制备,即先取药物与部分基质或适宜液体研磨成细腻糊状,再递加其他基质研匀。当软膏基质由熔点不同的成分组成,在常温下不能均匀混合时,采用熔合法制备。乳剂型软膏剂采用乳化法制备,即将油溶性物质加热至 80 ℃左右使其熔化,另将水溶性成分溶于水中,加热至较油相成分略高温度,将水相慢慢加入油相中,边加边搅至冷凝即得。

三、实验仪器、试剂与材料

1. 实验仪器

恒温水浴锅、锥入度计、电子天平等。

2. 实验试剂

甘油、十八醇、十二烷基硫酸钠、尼泊金乙酯等。

3. 实验材料

蜂蜡、植物油、白凡士林、液态石蜡等。

四、实验内容

1. 油脂性软膏基质的制备

1)处方

按表 4-8 制备油脂性软膏基质。

表 4-8　油脂性软膏基质处方

处方组成	处　方　量
蜂蜡	30 g
植物油	70 mL

2)制法

称取处方量蜂蜡,置于蒸发皿中,在恒温水浴锅中加热,熔化后,缓缓加入植物油,搅拌均匀,自水浴上取下,不断搅拌至冷凝,即得。

2. 乳剂型软膏基质的制备

1)处方

按表 4-9 制备乳剂型软膏基质。

表 4-9　乳剂型软膏基质处方

处方组成	处方量
十八醇	7.0 g
白凡士林	8.0 g
液态石蜡	5.2 mL
十二烷基硫酸钠	0.8 g
尼泊金乙酯	0.08 g
甘油	0.4 g
加蒸馏水至总质量	80 g

2)制法

取油相成分(十八醇、白凡士林和液态石蜡),置于蒸发皿中,在恒温水浴锅中加热至 70～80 ℃使其熔化;取水相成分(十二烷基硫酸钠、尼泊金乙酯、甘油和计算量蒸馏水),置于蒸发皿中,加热至 70～80 ℃,在搅拌下将水相成分以细流状加入油相成分中,在水浴上继续保持恒温并搅拌几分钟,然后在室温下继续搅拌至冷凝,即得 O/W 型乳剂型软膏基质。

3. 软膏稠度的测定

将待测样品倒入适宜大小的容器中,静置使样品凝固且表面光滑,放到已调节水平的锥入度计的底座上,降下标准锥,使锥尖恰好接触到样品的表面,依次点击“清零”键和“启动”键,记录锥入度显示值。依法测定 3 次,如果相对标准偏差(RSD)不超过 3%,用其平均值作为稠度。

五、实验注意事项

(1)制备油脂性软膏基质时,加入植物油后应不断搅拌,混匀后方可从水浴上取下,否则容易分层。

(2)制备乳剂型软膏基质时,将水相缓缓加入油相溶液中,边加边不断顺向搅拌。若不是沿一个方向搅拌,则难以制得合格的成品。

六、讨论与思考

(1)分析两种软膏基质中各辅料的作用。

(2)将制得的软膏涂布在自己的皮肤上,评价是否细腻,记录皮肤的感觉,比较两种软膏的黏稠性与涂布性。

(3)将锥入度计测定值记录于表 4-10 中,计算平均值和 RSD,比较两种软膏的稠度。

表 4-10 软膏剂稠度测定结果

名 称	锥入度计测定值				RSD
	①	②	③	平均值	
油脂性软膏					
乳剂型软膏					

注：$RSD = \frac{SD}{\overline{X}}$，其中 $SD = \sqrt{\frac{\sum (x_i - \overline{x})^2}{n-1}}$，$\overline{X} = \frac{\sum x_i}{n}$。

（4）简述油脂性软膏基质和乳剂型软膏基质应用的主要特点。

（5）简述软膏剂制备过程中药物的加入方法。

（万东华编写）

锥入度计的使用方法

实验 4　栓剂的制备及融变时限检查

一、实验目的

(1)掌握热熔法制备栓剂。
(2)计算阿司匹林对半合成脂肪酸酯的置换价。
(3)检查栓剂的外观与药物分散状况。
(4)掌握栓剂融变时限的检查方法。

二、实验原理

栓剂是指用药物和适宜的基质等制成的具有一定形状供腔道给药的固体状外用制剂,常温下为固体,塞入人体腔道后,在体温下迅速软化、熔融或溶解于分泌液中。常用基质可分为油脂性基质与水溶性基质两大类。

栓剂的制备方法有搓捏法、冷压法和热熔法三种。用油脂性基质制备栓剂时可采用三种方法中的任何一种,而用水溶性基质制备栓剂时多采用热熔法,工艺流程如下:

$$\text{基质}\xrightarrow{\text{水浴}}\text{熔化}\xrightarrow{\text{药物粉末}}\text{混匀}\rightarrow\text{倾入栓模}\rightarrow\text{冷却至凝固}\rightarrow\text{削去溢出部分}\rightarrow\text{脱模}$$

制备栓剂用的固体药物,除另有规定外,应为 100 目以上的粉末。为了使栓剂冷却后易从栓模中推出,灌模前栓孔内应涂润滑剂。

用同一栓模制得的不同栓剂体积是相同的,但其质量则随基质与药物密度的不同而有差别。为了正确确定基质用量以保证剂量准确,常需测定药物的置换价(DV)。置换价为药物的质量与同体积基质质量的比值,可用下式计算:

$$\mathrm{DV}=\frac{W}{G-(M-W)}$$

式中:W 为每枚栓剂中药物的平均质量;G 为纯基质栓剂的平均质量;M 为含药栓剂的平均质量。

三、实验仪器与材料

1. 实验仪器

栓模、自动融变时限检查仪、电子天平、恒温水浴锅等。

2. 实验试剂

阿司匹林等。

3. 实验材料

半合成硬脂酸甘油酯、水溶性润滑剂、滤纸等。

四、实验内容

1. 纯基质栓剂的制备

称取 10 g 半合成硬脂酸甘油酯,置于蒸发皿中,在恒温水浴锅中加热,待熔化 2/3 时停止加热，搅拌使其全熔。待其呈黏稠状态时，灌入已涂有水溶性润滑剂的栓模内，冷却凝固后削去模口上溢出部分，脱模，得到完整的纯基质栓剂数枚。用滤纸吸干表面的润滑剂，称重，纯基质栓剂的平均质量为 G。

2. 含药栓剂的制备

称取 9 g 半合成硬脂酸甘油酯，置于蒸发皿中，在恒温水浴锅中加热，待熔化 2/3 时停止加热，搅拌使其全熔。称取 3 g 研细的阿司匹林，分次加入熔化的基质中，不断搅拌使阿司匹林均匀分散，待此混合物呈黏稠状态时，灌入已涂有水溶性润滑剂的栓模内，冷却凝固后削去模口上溢出部分，脱模，得到完整的含药栓剂数枚。用滤纸吸干表面的润滑剂，称重，含药栓剂的平均质量为 M，阿司匹林的质量 $W=MX$，其中，X 为阿司匹林的质量百分率。

3. 置换价的计算

将上述得到的 G、M、W 值代入置换价计算式，可求得阿司匹林的半合成硬脂酸甘油酯的置换价。

4. 质量检查与评定

1)外观

观察栓剂的外观是否完整，表面亮度是否一致，有无斑点和气泡。

2)融变时限检查

取含药栓剂和纯基质栓剂，在室温放置半小时后，分别放在自动融变时限检查仪金属架的下层圆板上，装入套筒内，并用挂钩固定。将上述装置垂直浸入盛有不少于 4 L 的 37 ℃水的容器中，转动器每分钟在溶液中翻转 10 次，栓剂均应在 30 min 内全部融化、软化或触压时无硬芯。

五、实验注意事项

(1)半合成硬脂酸甘油酯为油脂性基质，随着温度升高，其体积增加，灌模时应注意混合物的温度，温度太高时，冷却后栓剂易发生中空和顶端凹陷。故以灌至模口稍有溢出为度，且要一次性完成。

(2)制备含药栓剂时，因药物混杂在基质中，灌模温度太高则药物易于沉降，影响含量均匀度。

(3)灌好的栓模应在适宜的温度下冷却一定时间。冷却温度不足或时间短，常发生粘模；冷却温度过低或时间过长，又会导致栓剂破碎。

(4)为保证所测置换价的准确性，制备纯基质栓剂和含药栓剂时应采用同一模具。

六、讨论和思考

(1)计算阿司匹林对半合成硬脂酸甘油酯的置换价，将相关数据记录于表 4-11 中。

表 4-11　栓剂的置换价

项目	基质栓剂平均质量 G	含药栓剂平均质量 M	阿司匹林的质量 W	置换价 DV
测定结果				

(2)将融变时限检查结果填入表 4-12 中。

表 4-12　栓剂融变时限检查结果

名　　称	检查 30 min 后的现象	是否合格
纯基质栓剂		
含药栓剂		

(3)简述栓剂的一般质量要求。

(4)制备栓剂时,栓孔内需涂润滑剂,选择润滑剂的原则是什么?

(万东华编写)

融变时限检查仪的使用方法

第5章 药物分析实验

实验1 葡萄糖的一般杂质检查

一、实验目的

(1)了解药物中一般杂质检查的目的、意义和方法。

(2)掌握葡萄糖中一般杂质检查的实验操作和限量计算方法。

二、实验原理

葡萄糖是利用无机酸、酶为催化剂水解淀粉而获得。水解获得的是稀葡萄糖液,经脱色、浓缩结晶可获得固体葡萄糖。葡萄糖一般有酸水解法、双酶水解法、酸酶水解法等生产方法。根据葡萄糖生产工艺特点,应进行酸度、氯化物、硫酸盐、可溶性淀粉等一般杂质检查。

各种杂质检查分析如下:

1. 性状

本品为无色结晶或白色结晶性、颗粒性粉末,无臭,味甜。本品在水中易溶,在乙醇中微溶。

2. 酸碱度检查

在生产工艺中经酸或碱处理的药物,可能在其产品中引入酸碱性杂质。酸碱性杂质的存在,可能影响药物的疗效或稳定性,因此一般需进行酸碱度的检查。酸碱度检查是用药典规定的方法对药物的酸度、碱度及酸碱度等进行检查。在酸碱度检查中,规定 pH 低于 7.0 的称为酸度,高于 7.0 的称为碱度,在 7.0 上下两侧的称为酸碱度。检查时应以新沸并放冷至室温的水为溶剂。常用的方法有酸碱滴定法、指示剂法以及 pH 测定法。

3. 澄清度检查

澄清度检查是检查药物中的微量不溶性杂质。它是将药品溶液与规定的浊度标准液相比较,用以检查溶液的澄清程度。除另有规定外,一般采用目视法进行检测。“澄清”,指供试品溶液的澄清度与所用溶剂相同,或不超过 0.5 号浊度标准液的浊度。“几乎澄清”,是指供试品溶液的浊度介于 0.5 号与 1 号浊度标准液的浊度之间。

4. 氯化物检查法

氯化物在硝酸溶液中与硝酸银作用,生成氯化银沉淀而显白色混浊,与一定量的标准氯化钠溶液和硝酸银在同样条件下用同法处理生成的氯化银混浊程度相比较，测定供试品中氯化物的限量。

$$Cl^- + Ag^+ \longrightarrow AgCl(\text{混浊})$$

5. 硫酸盐检查法

药物中微量硫酸盐与氯化钡在酸性溶液中作用，生成硫酸钡沉淀而显白色混浊，同一定量标准硫酸钾溶液与氯化钡在同样条件下用同法处理生成的硫酸钡混浊程度相比较，判断药物中硫酸盐的限量。

$$SO_4^{2-} + Ba^{2+} \longrightarrow BaSO_4(\text{混浊})$$

6. 亚硫酸盐和可溶性淀粉

一般用碘试液进行检测，如为碘试液本身的黄色，证明无亚硫酸盐与可溶性淀粉存在。当有亚硫酸盐存在时，碘会褪色；当有可溶性淀粉存在时，碘变蓝色。

7. 干燥失重

干燥失重是指药物在规定条件下经干燥后所减失的质量，根据所减失的质量和取样量计算供试品干燥失重的百分率。干燥失重检查法主要用来控制药物中的水分，也包括其他挥发性物质如乙醇等。

三、实验仪器、试剂与材料

1. 实验仪器

恒温减压干燥箱、磁力搅拌水浴锅、纳氏比色管(50 mL)等。

2. 实验试剂

(1)酚酞指示液、碘试液、无水乙醇、一水葡萄糖或无水葡萄糖。

(2)氢氧化钠滴定液(0.02 mol/L)：称取 0.08 g NaOH，溶于 100 mL 水中。

(3)稀硝酸：取硝酸 10.5 mL，加水稀释至 100 mL，即得。本液含 HNO_3 应为 9.5%～10.5%。

(4)稀盐酸：取 23.4 mL 浓盐酸，加水稀释至 100 mL，即得。本液中 HCl 质量分数应为 9.5%～10.5%。

(5)硝酸银溶液(0.1 mol/L)：称取 1.70 g 硝酸银，溶于 100 mL 水中。

(6)标准氯化钠溶液(100 μg (Cl^-)/mL)：称取氯化钠 0.165 g，置于 1000 mL 容量瓶中，加水适量使其溶解并稀释至刻度，摇匀，作为储备液。临用前，精密量取储备液 10 mL，置于 100 mL 容量瓶中，加水稀释至刻度，摇匀，即得(每 1 mL 相当于 10 μg Cl^-)。

(7)25%氯化钡溶液：称取 25 g 固体氯化钡，溶解于 100 mL 蒸馏水中，摇匀。

(8)标准硫酸钾(100 μg (SO_4^{2-})/mL)溶液：称取硫酸钾 0.181 g，置于 1000 mL 容量瓶中，加水适量使其溶解并稀释至刻度，摇匀，即得(每 1 mL 相当于 100 μg SO_4^{2-})。

3. 实验材料

定性滤纸等。

四、实验内容

1. 性状

观察形状。本品为无色结晶或白色结晶性、颗粒性粉末；无臭，味甜。本品在水中易溶，在乙醇中微溶。

2. 酸度

取本品 2.0 g,加水 20 mL 溶解后,加酚酞指示液 3 滴与氢氧化钠滴定液(0.02 mol/L) 0.20 mL,应显粉红色。

3. 乙醇溶液澄清度

取本品 1.0 g,加 90%乙醇(由无水乙醇配制而成)30 mL,置于磁力搅拌水浴锅中加热回流约 40 min,溶液应澄清。

4. 氯化物

取本品 0.60 g,加水溶解并稀释至 25 mL,再加稀硝酸 10 mL,溶液如不澄清,过滤。置于 50 mL 纳氏比色管中,加水至约 40 mL,加硝酸银溶液 1 mL,用水稀释至 50 mL,摇匀,在暗处放置 5 min,如发生混浊,与标准氯化钠溶液制成的对照液(取标准氯化钠溶液(10 μg (Cl^-)/mL) 6.0 mL,置于 50 mL 纳氏比色管中,加稀硝酸 10 mL,用水稀释至约 40 mL,加硝酸银溶液 1 mL,用水稀释至 50 mL,摇匀,在暗处放置 5 min)比较(中国药典通则 0801),不得更浓(0.01%)。

5. 硫酸盐

取本品 2.0 g,加水溶解并稀释至 40 mL。溶液如不澄清,过滤,置于 50 mL 纳氏比色管中,加稀盐酸 2 mL,加 25%氯化钡溶液 5 mL,加水稀释至 50 mL,摇匀,放置 10 min,如发生混浊,与对照标准液(取标准硫酸钾溶液(100 μg (SO_4^{2-})/mL) 2.0 mL,置于 50 mL 纳氏比色管中,加水稀释至 40 mL,加稀盐酸 2 mL,加 25%氯化钡溶液 5 mL,加水稀释至 50 mL,摇匀,放置 10 min)比较(中国药典通则 0802),不得更浓(0.01%)。

6. 亚硫酸盐与可溶性淀粉

取本品 1.0 g,加水 10 mL 溶解后,加碘试液 1 滴,应即显黄色。

7. 干燥失重

取本品 1 g,平铺在扁形称量瓶中,厚度不可超过 5 mm,在 105 ℃干燥至恒重(中国药典通则 0831),减失质量为 7.5%~9.5%(一水葡萄糖)或不得超过 1%(无水葡萄糖)。

五、实验注意事项

(1)根据检查实验一般允许误差为±10%的要求和药品、试剂的取用量,选择合适的容量仪器。一般量筒的绝对误差≥1 mL,刻度移液管的绝对误差是 0.01~0.1 mL,药物天平的绝对误差是 0.1 g。

(2)比色或比浊操作一般在纳氏比色管中进行,在选用比色管时必须注意,要求其大小相等、玻璃色质一致(最好不带任何颜色)、管上刻度高低一致(如有差别,不得相差 2 mm)。比色管使用后应立即冲洗,避免久置;不可用毛刷或去污粉等洗刷,以免划出条痕损伤比色管内壁而影响比色;应用清洁液洗后,用自来水、纯化水依次冲洗干净。注意平行原则,供试液与对照液同时操作,加入试剂的顺序、试剂量等应一致。观察时,两管受光照的程度应一致,使光线从正面照入,比色时置于白色背景上,比浊时置于黑色背景上,自上而下地观察。

(3)检查氯化物时,供试液与对照液同时操作,均应先制成 40 mL 水溶液,再同时加硝酸银试液 1 mL,避免浓度较大时加入硝酸银产生氯化银沉淀,影响比浊。

(4)将供试品进行干燥时,应平铺在扁形称量瓶中,厚度不可超过 5 mm。放入烘箱或干燥器进行干燥时，应将瓶盖取下，置于称量瓶旁，或将瓶盖半开进行干燥；取出时，须将称量瓶盖好。置于烘箱内干燥的供试品，应在干燥后取出并置于干燥器中放冷，然后称定质量。

六、讨论与思考

(1)药品检验包括哪些步骤?

(2)根据 2020 年版《中国药典》药品杂质分析指导原则，杂质按来源可分为一般杂质和特殊杂质。一般杂质和特殊杂质各指什么?

(3)一般杂质检查的意义是什么? 主要包括哪些项目?

(4)是否所有药物都要对各种一般杂质进行检查?

(5)计算本次检查中氯化物和硫酸盐的限量。

(6)在进行氯化物和硫酸盐检查时，样品有颜色应该如何处理?

(7)除本实验进行的检查项目外，药典规定对葡萄糖的杂质检查项目还有哪些? 为什么?

(8)在杂质检查中标准液的取用采用移液管还是量筒? 称取 0.60 g、2.0 g 葡萄糖时分别应采用什么规格的天平?

(9)填写本次实验的检验报告，如表 5-1 所示。

表 5-1　葡萄糖检验报告

检验项目	执行标准	检验标准	检验结果	检验结论
性状	中国药典（2020 年版）	无色结晶或白色结晶性、颗粒性粉末；无臭，味甜；易溶于水，微溶于乙醇		
酸度		显粉红色		
氯化物		澄清无色		
硫酸盐		澄清无色		
干燥失重		≤9.5%		
乙醇溶液澄清度		澄清无色		
亚硫酸盐与可溶性淀粉		显黄色		

（高瑜编写）

纳氏比色管(比浊实验)实物图

实验2　维生素C片的鉴别实验

一、实验目的

(1)掌握片剂定性鉴别的原理和方法。

(2)掌握维生素C片的理化定性分析和薄层定性检验的实验操作。

(3)通过红外吸收光谱的测定,熟悉傅里叶变换红外光谱仪的测定原理和使用方法。

二、实验原理

1. 根据药物制剂中药物成分的特征理化性质进行鉴别

(1)与硝酸银反应的原理:维生素C具有还原性,硝酸银中 Ag^{+} 具有氧化性,两者发生氧化还原反应,Ag^{+} 被还原成Ag单质,即黑色沉淀。

(2)与2,6-二氯酚靛酚反应的原理:2,6-二氯酚靛酚是一种染料,其氧化型在酸性介质中呈玫瑰红色,在碱性介质中显蓝色,与维生素C反应后生成还原型无色的酚亚胺。

2. 以对照品为参比,通过薄层色谱(TLC)鉴别药物的真伪

由于各组分对吸附剂的吸附能力不同,当展开剂流经吸附剂时,有机物各组分会发生无数次吸附和解吸过程,吸附力弱的组分随流动相迅速向前,而吸附力强的组分则滞后,各组分由于移动速度不同而得以分离。物质被分离后在图谱上的位置,常用比移值 R_f 表示。

3. 利用红外吸收光谱鉴别药物的真伪

红外吸收光谱是研究分子振动和转动信息的分子光谱,它反映分子化学键的特征吸收频率。根据分子红外吸收光的特征(吸收峰的位置、强度和形状等)分析判断特征官能团结构信息。通过图谱解析确定样品结构后,可查阅标准红外吸收光谱图,进行比对(如图5-1所示),以验证结果的正确性。

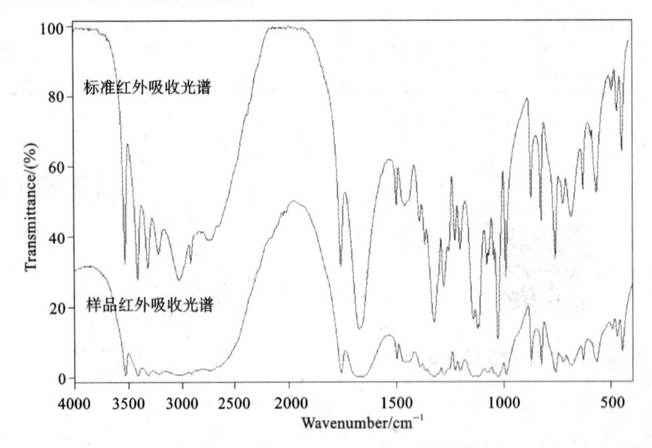

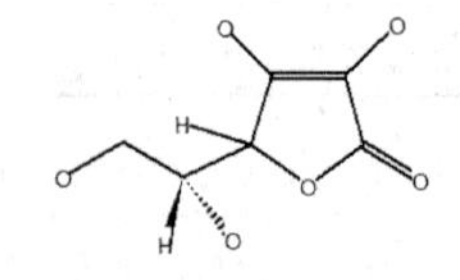

Compound Name	ASCORBIC ACID
Molecular Formula	C6H8O6
Molecular Weight	176.12
CAS Registry Number	
Sample Preparation	KBR
Reference	IDDA 40
谱图序号	76
Library name	DEMOLIB.S01
谱库描述	General Library IR
Copyright	User Library

Color	Hit Quality	Compound name	CAS Number	Molecular formula	Molecular weight
	988	ASCORBIC ACID		C6H8O6	176.12

图5-1　维生素C样品红外吸收光谱与其标准红外吸收光谱比较

三、实验仪器、试剂与材料

1. 实验仪器

紫外灯、红外光谱仪、压片模具、液压压片机、红外灯、层析缸、玛瑙研钵等。

2. 实验试剂

(1)维生素C对照品、无水乙醇、乙酸乙酯、溴化钾。

(2)硝酸银试液：取硝酸银 850 mg，加水溶解并稀释至 50 mL，即得 0.1 mol/L 试液。

(3)二氯酚靛酚钠试液：取 2,6-二氯酚靛酚钠 0.1 g，加水 100 mL 溶解后，过滤，即得。

3. 实验材料

维生素C片(规格 25 mg/片)、定性滤纸、薄层层析硅胶板(手工铺板或预制板)等。

四、实验内容

1. 维生素C片的理化鉴别

将维生素C片置于玛瑙研钵中研成细粉，取细粉适量(约相当于维生素C 0.2 g)，加水 10 mL，振摇使维生素C溶解，过滤。滤液分成两等份：在一份中加硝酸银试液 0.5 mL，即生成黑色沉淀(银)；在另一份中，加二氯酚靛酚钠试液 1～2 滴，试液的颜色即消失。

2. 维生素C片的 TLC 鉴别

(1)制备供试品溶液：取研磨后的维生素C片细粉适量(约相当于维生素C 10 mg)，加水 10 mL，振摇使维生素C溶解，过滤，取滤液作为供试品溶液。

(2)制备对照品溶液：取维生素C对照品，加水溶解并稀释成 1 mg/mL 的溶液，即得。

(3)点样与展开：按照薄层色谱法(中国药典通则 0502)实验，分别吸取上述供试品、对照品溶液，点于同一硅胶板上，以乙酸乙酯-乙醇-水(体积比为 5∶4∶1)为展开剂，在层析缸中展开，晾干，立即(1 h 内)置于紫外灯(254 nm)下检视。供试品溶液所显主斑点的位置和颜色应与对照品溶液的主斑点相同。用摄像设备拍摄，以光学照片的形式保存薄层色谱图像。

3. 维生素C片的红外吸收光谱鉴别

(1)取维生素C片 10 片，研细，置于锥形瓶中，加无水乙醇 80 mL，振摇使之溶解，过滤，将滤液水浴蒸干，将残渣置于硅胶干燥器内。

(2)取维生素C片的乙醇提取物，用溴化钾压片，测定红外吸收光谱(中国药典通则 0402)。

在红外吸收光谱的测定中被广泛用作固体试样调制的试剂有溴化钾和氯化钾，它们的共同特点是在中红外区(4000～400 cm^{-1})完全透明，没有吸收峰。被测样品与它们的配比通常是 1∶100，即取固体试样 1～3 mg，在玛瑙研钵中研细，再加入 100～300 mg 已磨细、干燥的溴化钾或氯化钾粉末，混合研磨均匀，使其粒度在 2.5 μm 以下。置于压片模具中，用液压压片机加压(7～10 MPa) 3 min 左右即可得到一定直径及厚度的透明片，然后将此薄片放在红外光谱仪的样品窗口上进行测定。

(3)测得的红外吸收光谱应与药品红外吸收光谱集中维生素C对照品的图谱一致。

五、实验注意事项

(1)TLC 鉴别时注意点样量的控制和点的位置。点样时点要细，直径不要大于 2 mm，间隔 0.5 cm 以上，浓度不可过大，以免出现拖尾、混杂现象。层析缸要洗净烘干，放入板之前，要先加展开剂，盖上表面皿，让烧杯内形成一定的蒸气压。点样的一端要浸入展开剂 0.5 cm 以上，但展开剂不可没过样品原点。当展开剂上升到距上端 0.5～1 cm 时要及时将板取出，用铅笔标示出展开剂前沿的位置。

(2)在制膜片时，溴化钾应经红外灯照射干燥过，应将样品颗粒研磨至粒度小于 2.5 μm，用眼睛观察像面粉一样粉状即可。取适量研磨好的混合样品，置于干净的压片模具中，用液压压片机压成透明的试样薄片，压制时液压表的压力显示为 10 MPa 即可，不可过度加压。

(3)在红外吸收光谱检测时，背景扫描时间与样品扫描时间一般均取 16 次，扫描次数越多越精确。样品扫描时间应与背景扫描时间相同。匹配值是指所测样品与图谱库中的标准图匹配的程度，完全匹配则匹配值为 1000。一般情况下，大于 700 则可认为基本匹配。

六、讨论与思考

(1)中国药典中，维生素 C 片的鉴别实验与维生素 C 的鉴别实验所用方法有何异同？为什么？

(2)理化定性鉴别反应与 TLC 法定性各有何特点？

(3)如果化合物在紫外灯下不显色，还有其他的薄层色谱显色方法吗？

(4)维生素 C 的强还原性所产生的其他化学反应中，哪些可以用于鉴别？

(5)红外光谱仪适用的波数是多少？用压片法制样时，为什么要求将固体试样研磨至颗粒粒度小于 2.5 μm？

(高瑜编写)

常见化学键的红外
吸收光谱特征吸收区

实验 3　紫外分光光度法测定药品的含量和含量均匀度

一、实验目的

(1)掌握紫外-可见分光光度法测定药物含量的原理和操作方法。
(2)掌握片剂含量测定的操作方法和计算方法。
(3)掌握吸收系数法的计算方法。
(4)掌握含量均匀度检查法的操作和计算方法。

二、实验原理

1. 紫外-可见分光光度法用于含量测定

紫外-可见分光光度法是基于物质分子中价电子的能级跃迁对电磁波的选择性吸收来对物质进行定性分析和定量分析的方法。不同物质的分子结构不同,因此各种物质有其特征性的紫外-可见光吸收光谱。光吸收程度最大处叫做最大吸收波长,用 λ_{max} 表示。浓度不同时,光吸收曲线的形状相同,最大吸收波长不变,只是相应的吸光度大小不同。因此,可以利用吸收曲线对物质进行定量分析。通常选择最大吸收波长 λ_{max} 进行定量分析,以提高分析灵敏度和消除干扰影响。

朗伯-比尔定律：$$A=\varepsilon bc$$

式中:A 为吸光度;ε 为摩尔吸光系数(L/(mol · cm));b 为液层厚度(cm);c 为浓度(mol/L)。

对乙酰氨基酚结构中有共轭结构,在紫外区有吸收,最大吸收波长为 257 nm,测定其最大吸收波长处的吸光度即可计算其含量。

2. 含量均匀度测定

含量均匀度系指小剂量口服固体制剂、粉雾剂或注射用无菌粉末中的每个含量偏离标示量的程度。除另有规定外,片剂、胶囊剂、颗粒剂或散剂等,每片(个)标示量小于 25 mg 或主药含量小于每片(个)质量 25%者,均应检查含量均匀度。复方制剂仅检查符合上述条件的组分。凡检查含量均匀度的制剂,不再检查质(装)量差异。

除另有规定外,取供试品 10 个,照各品种项下规定的方法,分别测定每个以标示量为 100 的相对含量,求其均值和标准差 S 以及标示量与均值之差的绝对值 B。

如 $B+2.20S\leqslant L$,则供试品的含量均匀度符合规定;若 $B+S>L$,则不符合规定;若 $B+2.20S>L$,且 $B+S\leqslant L$,则应另取 20 个复试。

上述公式中 L 为规定值。一般情况下,$L=15.0$。但是,对于单剂量包装的口服混悬液,内充非均相溶液的软胶囊,胶囊型或泡囊型粉雾剂,单剂量包装的眼用、耳用、鼻用混悬剂,固体或半固体制剂,$L=20.0$;对于透皮贴剂、栓剂,$L=25.0$。

三、实验仪器、试剂与材料

1. 实验仪器

精密电子天平、紫外-可见分光光度计、石英比色皿、玛瑙研钵等。

2. 实验试剂

(1)0.4% NaOH 溶液:取氢氧化钠 0.4 g,加水稀释至 100 mL,即得。

(2)0.1 mol/L HCl 溶液:量取 9 mL 浓盐酸,缓慢注入 1000 mL 水,即得。

3. 实验材料

米非司酮片(规格 10 mg 或 25 mg)、对乙酰氨基酚片(规格 0.3 g)、定性滤纸等。

四、实验内容

1. 含量测定

本品对乙酰氨基酚($C_8H_9NO_2$)含量应为标示量的 95.0%~105.0%。

取对乙酰氨基酚片 20 片,精密称定,研细;精密称取适量(约相当于对乙酰氨基酚 40 mg),置于 250 mL 容量瓶中,加 0.4% NaOH 溶液 50 mL 与水 50 mL,振摇 15 min,加水至刻度,摇匀,过滤;精密量取续滤液 5 mL,置于 100 mL 容量瓶中,加 0.4% NaOH 溶液 10 mL,加水至刻度,摇匀;按照紫外-可见分光光度法(中国药典通则 0401),在 257 nm 波长处测定吸光度,按 $C_8H_9NO_2$ 的吸收系数($E_{1\,cm}^{1\%}$)为 715 计算,即得。$E_{1\,cm}^{1\%}$ 的物理意义是当吸光物质溶液质量体积浓度为 1%(1 g/100 mL),液层厚度为 1 cm 时,在一定条件(波长、溶剂、温度)下的吸光度。

$$\text{对乙酰氨基酚片标示量百分含量} = \frac{A \times D \times \overline{W}}{100 \times E_{1\,cm}^{1\%} \times W \times \text{标示量}} \times 100\%$$

式中:A 为供试品在 257 nm 波长处测得的吸光度;D 为供试品的稀释倍数;$\overline{W}$ 为对乙酰氨基酚片的平均片重;W 为所称取对乙酰氨基酚片粉的质量。

2. 含量均匀度测定

取米非司酮片 1 片,置于 100 mL(10 mg 规格)或 250 mL(25 mg 规格)容量瓶中,加 0.1 mol/L HCl 溶液适量,振摇使米非司酮溶解,用 0.1 mol/L HCl 溶液稀释至刻度,摇匀,过滤;精密量取续滤液 5 mL,置于 50 mL 容量瓶中,用 0.1 mol/L HCl 溶液稀释至刻度,摇匀;照紫外-可见分光光度法(中国药典通则 0401),在 310 nm 波长处测定吸光度,按 $C_{29}H_{35}NO_2$ 的吸收系数($E_{1\,cm}^{1\%}$)为 463 计算含量,应符合规定(中国药典通则 0941)。

将实验所得数据通过计算得到该药品每个样本的标示量百分含量 x_i 。分别输入相关统计学计算器或软件,计算其均值 $\overline{X}$ 和标准差 S $\left(S = \sqrt{\dfrac{\sum_{i=1}^{n}(x_i - \overline{X})^2}{n-1}}\right)$ 以及标示量与均值之差的绝对值 B($B = |100 - \overline{X}|$),按照实验原理中的判定方法进行判定。

五、实验注意事项

(1)移液管、容量瓶均应经检定校正、洗净后使用。注意其正确使用方法。

(2)所取的样品粉末在溶剂中应振摇充分,使样品溶解完全。

(3)注意紫外分光光度法的操作规程。使用的石英比色皿必须洁净,应以配制供试品溶液的同批溶剂为空白对照。

(4)米非司酮片不需要精密称定质量,操作过程中注意转移完全。

(5)标示量,即规格量,表示单位制剂内所含主药的量。

六、讨论与思考

(1)测定对乙酰氨基酚片的含量还有什么方法？试举两例。

(2)$E_{1\ cm}^{1\%}$的意义是什么？

(3)除吸收系数法外，紫外-可见分光光度法还有哪些定量方法？

(4)在使用常用各种容量仪器时应注意哪些问题？

(5)在制剂分析和原料药分析中，取样量的描述不同。其中，精密称取适量(约相当于对乙酰氨基酚 40 mg)，这里的“约”和“精密称取”是否矛盾？为什么？

(6)不同剂型的含量均匀度检查结果的判定方法有何不同？

(高瑜编写)

含量测定和含量均匀度
计算过程示例

实验 4　高效液相色谱法测定米非司酮片中有关物质

一、实验目的

(1)熟悉高效液相色谱法(HPLC)测定的原理及操作方法。

(2)掌握米非司酮片中有关物质的定量测定方法(外标法)。

二、实验原理

1. 有关物质的测定

有关物质是指药物中的有机杂质,主要来源于药物活性物质的制备和储存过程。通过优化药物合成路线和储存条件,尽量避免产生有关物质或使其降到最低限度。米非司酮为一甾体化合物,具有抗孕激素和抗肾上腺皮质激素的作用,配伍米索前列醇终止早孕已在全世界范围内广泛应用。米非司酮化学名为 11β-[4-(N,N-二甲氨基)-1-苯基]-17β-羟基-17α-(1-丙炔基)雌甾-4,9-二烯-3-酮(RU-486)。米非司酮中的主要杂质为 N-单去甲基米非司酮(RU-42633),既是副产物也是降解产物。

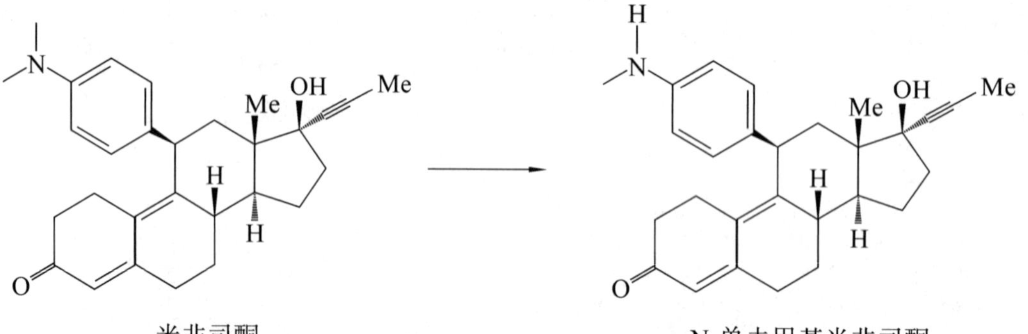

米非司酮
(RU-486)

N-单去甲基米非司酮
(RU-42633)

2. 高效液相色谱分析

高效液相色谱仪由泵、进样器、色谱柱、检测器、记录仪等几部分组成,试剂瓶中的流动相被泵打入系统,样品溶液经进样器进入流动相,被流动相载入色谱柱内。由于样品溶液中的各组分在两相中具有不同的分配系数,在两相中作相对运动,经过反复多次的吸附-解吸的分配过程,各组分在移动速度上产生较大的差别,被分离成单个组分依次从柱内流出,通过检测器时,样品浓度被转换成电信号传送到记录仪。图 5-2 为米非司酮片高效液相色谱图(测试条件见本实验内容)。

三、实验仪器、试剂与材料

1. 实验仪器

高效液相色谱仪、精密电子天平、微量注射器、色谱柱等。

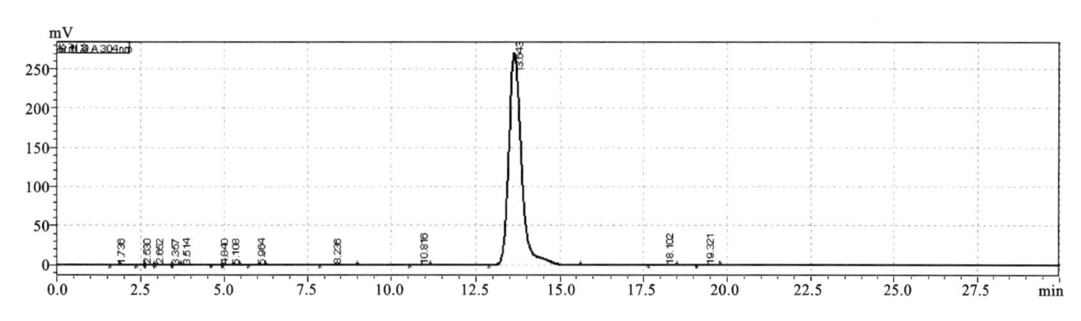

图 5-2　米非司酮片的高效液相色谱图

2. 实验试剂

米非司酮对照品、三乙胺、甲醇(色谱纯)、超纯水等。

3. 实验材料

米非司酮片(规格 10 mg)、定性滤纸等。

四、实验内容

1. 色谱条件与系统适用性实验

用十八烷基硅烷键合硅胶为填充剂,以甲醇-水-三乙胺(体积比为 75∶25∶0.05)为流动相,检测波长为 304 nm。理论板数按米非司酮峰计算应不低于 2000(中国药典通则 0512)。

2. 配制对照溶液

取米非司酮对照品适量,精密称定后,加甲醇溶解并稀释成每 1 mL 中约含 0.5 mg 的溶液;精密量取 2 mL,置于 100 mL 容量瓶中,加甲醇稀释至刻度,摇匀,作为对照溶液。

3. 测定样品

取研磨后的米非司酮片细粉适量(约相当于米非司酮 50 mg),精密称定,置于 100 mL 容量瓶中,加甲醇适量,振摇 30 min 使米非司酮溶解,用甲醇稀释至刻度,摇匀,过滤,作为供试品溶液。精密量取供试品溶液与对照溶液各 10 μL,用微量注射器分别注入高效液相色谱仪,记录色谱图至主成分峰保留时间的 2 倍。供试品溶液的色谱图中如有杂质峰,单个杂质峰面积不得大于对照溶液主峰面积的$\frac{1}{2}$(限度 1.0%),各杂质峰面积的和不得大于对照溶液主峰面积(限度 2.0%)。

五、实验注意事项

(1)操作高效液相色谱仪时严格按照仪器操作规程进行。关机时,先关闭泵、检测器等,再关闭工作站,然后关机,最后关闭色谱仪各组件,关闭洗泵溶液的开关。

(2)用微量注射器取液时,要防止气泡被吸入。吸取样品时反复推拉数次,排除气泡,然后缓缓提升针芯到刻度;小心进样操作,以免进样失败或损坏进样器。使用微量注射器时不能将针尖对着人,以免扎伤。

(3)所取的样品粉末在溶剂中应振摇充分,使样品溶解完全。

六、讨论与思考

(1)高效液相色谱仪操作过程中,流动相、样品配制以及色谱柱选择的注意事项有哪些?

(2)液相色谱条件包含哪些方面?

(3)试分析流动相中加入三乙胺的作用。

(4)高效液相色谱法用于杂质检测时,除外标法外,还有哪些定量检测方法?

(5)简述在 HPLC 分析中内标法和外标法各自的优缺点。能否用内标法测米非司酮片中的有关物质?

(6)除液相色谱法外,还有哪些色谱方法可用于有关物质的检测?

(高瑜编写)

米非司酮供试品
高效液相色谱图及参数示例

第6章 专业综合实验

实验1 红曲霉代谢产物azaphilone的发酵工艺优化及中试放大

一、实验目的

(1)了解微生物培养的基本原理。

(2)掌握培养基的配制与灭菌、一级种子的接种与培养、发酵罐的接种与放大培养的操作方法。

(3)掌握通过生物发酵技术制备药物的原理和工艺过程,构建通过红曲霉发酵制备azaphilone的工艺方案。

(4)掌握微生物代谢产物制备的工艺优化方法,并应用于红曲霉代谢产物azaphilone的发酵工艺优化及中试放大。

(5)培养团队协作精神、自主学习能力,以及综合运用所学知识解决复杂工程问题的能力。

二、实验原理

红曲为红曲霉菌接种于大米经固态发酵培养而成,其生产与应用在我国已有1000多年的历史。红曲主要用于食品着色、酿酒和传统中药材生产。红曲霉在生长过程中会产生大量的azaphilone代谢产物,由聚酮合成酶代谢途径合成。红曲霉菌发酵产品中含有10多种azaphilone化合物,其中最主要的是6种色素组分:2种红色素(红斑胺和红曲红胺)、2种黄色素(红曲素和红曲黄素)和2种橙色素(红斑素和红曲红素),如图6-1所示。现代药理学研究表明,azaphilone化合物对鞘氨醇激酶、脂肪酸合成酶、端粒酶、gp120-CD4、Grb2-SH2和p53-MDM2等与癌症、艾滋病和心血管疾病相关的重要靶标具有抑制作用。例如,红曲素和红曲

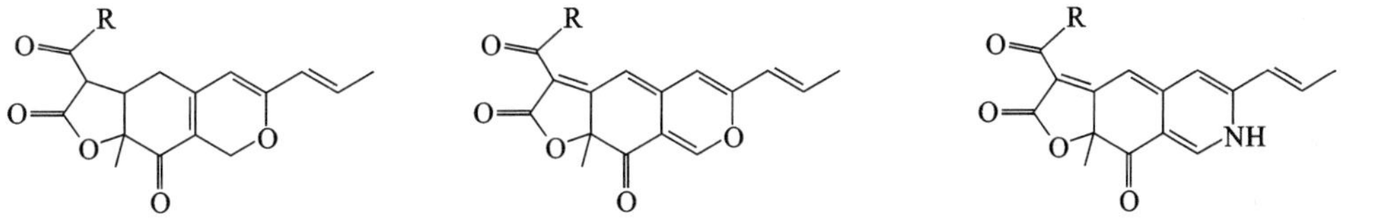

$R=C_5H_{11}$ 红曲素(Y1:monascin) M_r=358
$R=C_7H_{15}$ 红曲黄素(Y2:ankaflavin) M_r=386

$R=C_5H_{11}$ 红斑素(O1:rubropunctatin) M_r=354
$R=C_7H_{15}$ 红曲红素(O2:monascorubrine) M_r=382

$R=C_5H_{11}$ 红斑胺(R1:rubropunctamine) M_r=353
$R=C_7H_{15}$ 红曲红胺(R2:monascorubramine) M_r=381

图6-1 6种红曲霉azaphilone次级代谢产物的结构示意图

黄素显示出良好的代谢综合征疗效和抑癌作用，已引起国内外学者的广泛重视。

传统的红曲生产采用固相培养工艺，这种方法劳动强度大、产品质量不稳定，并且真菌毒素橘霉素含量高。相比之下，液相培养技术具有生产规模大、过程可控，以及橘霉素生成量少等优点。虽然许多研究已经关注以葡萄糖和谷氨酸为主要碳氮源的培养基成分的筛选，但并未对其代谢特性进行深入研究。目前，关于红曲霉液相培养过程特性，尤其是连续流加补料培养技术的研究甚为少见。

本实验主要研究不同培养条件（如温度、pH 和溶解氧等）和营养条件（如 C 源、N 源和无机盐等）对红曲霉液相培养 azaphilone 代谢产物的影响。在实验室小试（三角瓶摇床）条件下，对培养工艺进行单因素或多因素优化。在此基础上，进一步采用 20 L 发酵系统，对其分批培养过程及连续流加补料培养过程的特性进行研究，对红曲霉代谢产物 azaphilone 的发酵工艺进行中试放大。

三、实验仪器、试剂与材料

1. 实验仪器

20 L 发酵系统、恒温摇床、紫外-可见分光光度计、离心机、粉碎机、高效液相色谱仪等。

2. 实验试剂

乙醇、葡萄糖、蛋白胨、淀粉酶、$NaNO_3$、$MgSO_4$、$(NH_4)_2SO_4$、KH_2PO_4等。

3. 实验材料

米粉、玉米淀粉、豆粕、琼脂、玉米浆、微孔滤膜等。

四、实验内容

1. 培养基的配制与灭菌

按照以下组成配制固体培养基（记为 MFZU 培养基）：米粉 20 g/L，葡萄糖 20 g/L，蛋白胨 20 g/L，玉米浆 20 g/L，$NaNO_3$ 4 g/L，$MgSO_4$ 4 g/L，KH_2PO_4 4 g/L，琼脂 20 g/L。初始 pH 4.0，121 ℃灭菌 15 min，冷却后备用。

按照以下组成配制液体培养基（记为 MLFZU 培养基）：玉米淀粉 60 g/L，玉米浆 10 g/L，豆粕 20 g/L，$(NH_4)_2SO_4$ 1 g/L，$MgSO_4$ 2 g/L，KH_2PO_4 2 g/L。初始 pH 4.0，121 ℃灭菌 15 min，冷却后备用。注意：培养基中 C 源（玉米淀粉）和 N 源（玉米浆、豆粕、$(NH_4)_2SO_4$）可根据实验要求在一定范围内调整。

2. 一级种子的接种与培养

红曲霉菌种保存于 MFZU 培养基上。用接种环挑取 2 环红曲霉菌种，将其接种于 50 mL MLFZU 培养基（250 mL 三角瓶中）。置于恒温摇床中，33 ℃恒温振荡（240 r/min）培养 36 h，作为接种物。

可以在一定范围内调整培养基中 C 源（玉米淀粉）和 N 源（玉米浆、豆粕或 $(NH_4)_2SO_4$）。

3. 次级代谢产物优化培养

研究不同培养条件（温度、pH 和溶解氧等）和营养条件（C 源、N 源和无机盐等）对红曲霉液相培养 azaphilone 代谢产物的影响。

对于典型的培养条件，可以采用 250 mL 三角瓶，加入 50 mL 不同优化条件的液体培养基。接种量为 6%，接种后将三角瓶置于恒温摇床中，33 ℃ 恒温振荡（240 r/min）培养 5 d。

在采用 MLFZU 培养基的条件下，可调整 C 源（玉米淀粉）、N 源（玉米浆、豆粕或 $(NH_4)_2SO_4$）、无机盐成分和浓度，以及其他培养条件，采用单因素优化（均匀设计）或者多因素优化（正交设计或响应面设计）方式开展工艺条件的优化。

4. 发酵罐的接种与培养

1）分批培养方法

采用 20 L 发酵罐，加入 14 L MLFZU 培养基（C 源为 8%玉米淀粉，N 源为 1.5%玉米浆、3.0%豆粕和 0.15% $(NH_4)_2SO_4$），接种量为 10%，培养温度为 33 ℃，搅拌速度为 240 r/min，通气量为 3 L/min，通过流加 NaOH(3 mol/L) 或 HCl(3 mol/L) 调控体系的 pH，使 pH 保持在 4.4～4.6 范围内。

2）连续补料的 fed-batch 培养工艺

采用 20 L 发酵罐，加入 12 L MLFZU 培养基（C 源为 5%玉米淀粉，N 源为 1.5%玉米浆、3.0%豆粕和 0.15% $(NH_4)_2SO_4$），接种量为 10%。其他培养条件与分批培养条件相同。在培养过程中，定期检测总糖和还原糖浓度，当还原糖浓度降低至 1.2%时开始补料。通过控制合适的补糖策略，维持培养液中还原糖浓度在 1.2%～1.5%范围内，直至放罐前 10 h。

补料液的配制方法如下：配制 10%玉米淀粉溶液，添加 0.8%的淀粉酶，在 90 ℃水浴中水解 20 min，然后升温至 121 ℃灭菌 20 min，冷却后备用。

5. 发酵液固液分离与预处理

红曲霉的代谢产物主要存在于细胞内，因此在发酵结束后，将发酵液进行离心处理（转速 6000 r/min，10 min）。离心后弃去上清液，收集沉淀物（主要为红曲霉菌体），对其进行干燥处理后，进一步粉碎制成菌丝体粉末。

6. 产物的提取与分析

准确称取干燥后的菌丝体粉末 0.2 g（精确至 0.001 g），用 70%乙醇溶液溶解并将其转入 100 mL 容量瓶中，定容，置于(59.5～60.5) ℃水浴中浸取 1 h，取出后冷却到室温，补充 70%乙醇溶液至刻度，混匀。用滤纸过滤，将滤液收集于具塞比色管，备用。

准确吸取上述滤液 2.0～5.0 mL，置于 50 mL 容量瓶中（使最终稀释液吸光度落在 0.3～0.7 范围内），用 70%乙醇溶液稀释并定容至 50 mL，摇匀，用 10 mm 比色皿，以 70%乙醇溶液为参比，在 505 nm 波长下测定其试样浸泡稀释液的吸光度 A。

色价 P(U/g) 按以下公式计算：

$$P = A \times \frac{100}{m} \times \frac{50}{V}$$

式中：A 为浸泡稀释液的吸光度（波长为 505 nm）；100、50 为换算系数；m 为称取干燥后菌丝体粉末的质量(g)；V 为所取乙醇浸泡液的体积(mL)。

检测结果以平行测定结果的平均值为准。在重复性条件下获得的两次独立测定结果的绝对差值不大于 5%。

如果条件和时间允许，可以采用高效液相色谱仪，对红曲霉发酵产品中 azaphilone 代谢产物进行准确的定性和定量分析。

五、实验注意事项

(1) 利用高效液相色谱法分析发酵产品中 azaphilone 化合物的组成时，必须事先熟悉高效液相色谱仪的操作要点，并通过查阅文献选择好色谱柱、流动相和检测器，确保高效液相色谱法分析按照规范顺利开展。

(2)进行中试实验前,必须熟悉发酵罐系统的设备构造、使用方法和注意事项,并在实验过程中严格遵守。

(3)发酵系统的蒸汽管路和罐体已加保温隔热层,应尽量避免触碰。如遇蒸汽泄漏,应及时汇报请求维修。

(4)本实验周期较长,且整体实验流程较多、工作量大,建议按 2~4 人/组分组。各组应根据实验时间和条件制定详细的实验计划,并在教师的指导下确定合适的实验方案后再分工实施,保证实验的顺利开展。

(5)实验结束后,须按照操作规程清洗发酵罐系统,并做好复位工作。

六、讨论与思考

(1)微生物发酵过程可分为几个时期?各有何特征?

(2)微生物发酵培养基的成分有哪些?有何作用?

(3)如何研制生产用发酵培养基?

(4)实验室小试条件下,如何优化培养工艺,得到更多的次级代谢产物?

(5)比较各种发酵操作方式的异同点,如何选择应用?

(6)分析比较分批培养过程及连续流加补料培养过程的特点。

(郑允权、黄剑东编写)

恒温摇床实物图

20 L 发酵罐系统实物图

实验2　芦丁水解制备槲皮素的工艺优化及中试合成

一、实验目的

(1)掌握芦丁水解制备槲皮素的反应原理，并能通过查阅文献和综合运用所学知识，建立芦丁水解制备槲皮素的小试工艺过程。

(2)了解监测合成反应进程的分析方法，并能通过分析芦丁和槲皮素的物理化学性质差异，建立分析槲皮素纯度的薄层层析(TLC)检测方法。

(3)掌握开展工艺条件优化的研究方法，能针对芦丁水解制备槲皮素的工艺过程，确定关键工艺因素，制定工艺优化实验方案，并完成实验任务。

(4)掌握极差分析和方差分析的使用方法，能对实验结果的显著性进行合理分析，能提出减小随机误差的措施。

(5)掌握根据小试实验结果开展中试实验的研究方法，了解中试规模反应器(20 L夹套玻璃反应釜)的构造以及每个元器件的用途和操作方法，了解配套设备的功能和操作方法，分析中试规模反应器与小试规模反应器在传热和传质上的区别，并预测可能存在的影响。

(6)基于芦丁水解制备槲皮素的小试工艺优化研究结果，按照中试的操作规程，开展芦丁水解制备槲皮素的中试合成。

(7)能根据中试实验要求与特点，思考可能出现的问题并提出解决办法，能提出纯化槲皮素的安全环保新方法。

(8)培养团队合作精神、自主学习能力、解决复杂工程问题的能力和安全环保意识。

二、实验原理

槲皮素是一种天然的黄酮类化合物，广泛存在于许多植物的茎皮、花、叶、芽、种子、果实中，多以苷的形式存在。槲皮素具有抗氧化、抗炎、抗病毒、抗菌、抗癌、免疫调节、心血管保护、抗纤维化等多种生物学效应。在抗肿瘤方面，槲皮素可抑制多种肿瘤细胞的增殖和诱导凋亡，如白血病细胞、胃癌细胞、乳腺癌细胞、结肠癌与肺癌细胞、神经胶质瘤细胞、胰腺癌与前列腺癌细胞。在美国，槲皮素治疗前列腺癌已是非处方药。槲皮素也可用于慢性支气管炎、冠心病和高血压的辅助治疗。

芦丁是槲皮素的糖苷衍生物，在中药槐米中的含量较高(质量分数可达20%)。若从槐米中先提取芦丁，再经过酸水解制备槲皮素，可实现槲皮素的工业化生产。如图6-2所示，在酸性条件下，芦丁中连接槲皮素与二元糖的糖苷键断裂，二元糖之间的糖苷键也断裂，释放出槲皮素、鼠李糖和葡萄糖。

三、实验仪器、试剂与材料

1.实验仪器

集热式恒温磁力搅拌器、循环水式多用真空泵、暗箱式紫外分析仪、夹套玻璃反应釜(20 L)、制冷机(低温冷却循环泵)、高低温一体机、控制柜、鼓风干燥箱、抽滤装置(5 L)或小型三

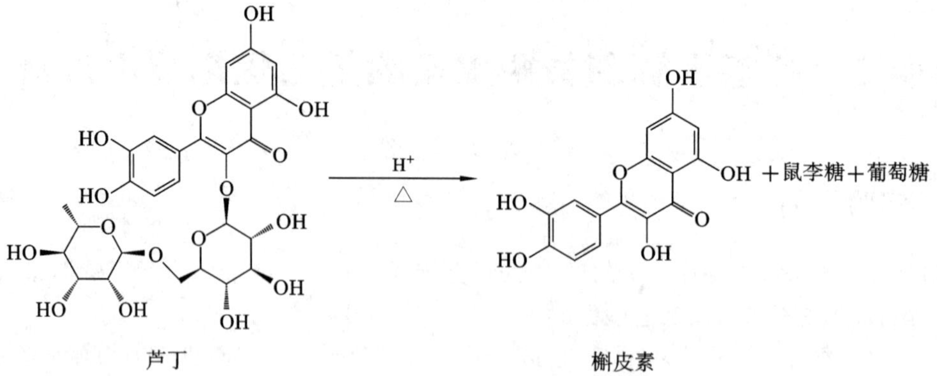

芦丁 $\xrightarrow[\triangle]{H^+}$ 槲皮素 ＋鼠李糖＋葡萄糖

图 6-2　芦丁水解制备槲皮素的反应式

足式离心机(2.5 L,配专用滤袋)等。

2. 实验试剂

槲皮素(标准品,98%)、95%乙醇、氯仿、甲醇、甲酸、氢氧化钠、浓硫酸等。

3. 实验材料

芦丁(95%)、活性炭、GF254 薄层层析板等。

四、实验内容

1. 小试水平实验

通过查阅文献,确定芦丁水解制备槲皮素过程中关键的影响因素及其取值范围。比如,水解反应温度是重要的影响因素,温度范围可以确定为 80～100 ℃。初步制定芦丁水解制备槲皮素的工艺流程。通过查阅文献,建立槲皮素的 TLC 检测方法(要能区分槲皮素与芦丁)。

按照工艺条件优化设计方法(正交实验设计或均匀实验设计,参考李云雁和胡传荣编著的《试验设计与数据处理》),设计芦丁水解制备槲皮素的工艺条件优化实验方案(小试时芦丁投料量为 1 g),充分讨论后执行实验方案,计算每一个实验的槲皮素收率。通过极差分析和方差分析,获得最优工艺条件,并讨论各个关键工艺条件对目标产物收率影响的显著性。

2. 中试水平实验

1)中试工艺过程

在小试水平实验中,槲皮素粗品纯化采用的是以 95%乙醇为溶剂的重结晶方法。考虑到乙醇的易燃易爆性以及中试规模下实验室安全,对于芦丁水解制备槲皮素的中试放大(芦丁投料量 50 g 左右),不采用乙醇体系,需探索其他更加环保和安全的纯化方式。

图 6-3 给出芦丁水解制备槲皮素的工艺过程。具体的工艺过程为:向反应釜中投入 50 g 芦丁和 10 L 一定浓度的硫酸水溶液,在一定的反应温度下反应一定时间(温度、反应时间和硫酸浓度采用小试工艺优化中获得的较佳值)。反应结束后,冷却降温到 60 ℃,通过趁热过滤或离心获得槲皮素粗品,收集酸性废水。对酸性废水,需要中和后才能妥善排放。

对槲皮素粗品(过滤或离心获得的滤饼或沉淀)用上述探索出的纯化方式进行纯化,得到目标产物槲皮素,用 TLC 检测产品的纯度(观察是否有芦丁残留)。

通过芦丁水解制备槲皮素粗产品的中试工艺流程如图 6-4 所示。其中,20 L 夹套玻璃反应釜是最核心的设备,反应釜的釜盖上有若干加料口和连接口并配有冷凝回流装置,反应釜的

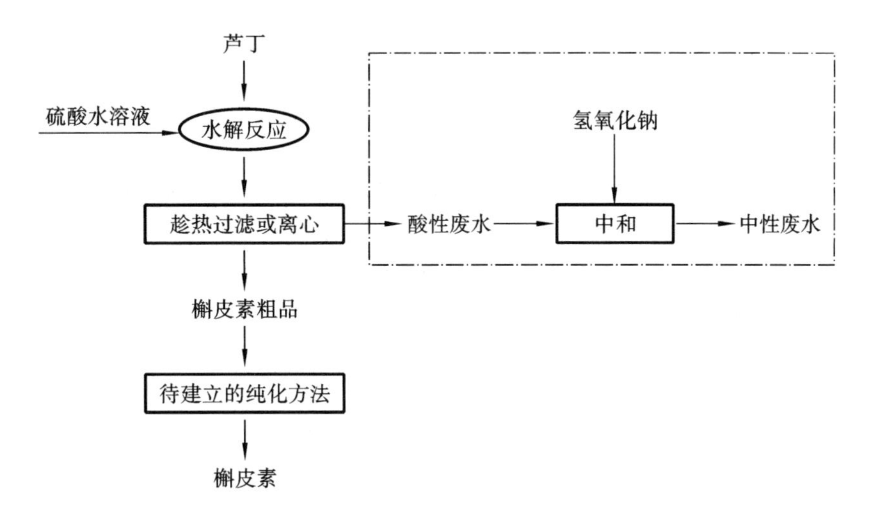

图 6-3　芦丁水解制备槲皮素的工艺过程示意图

虚线框为废水处理工艺

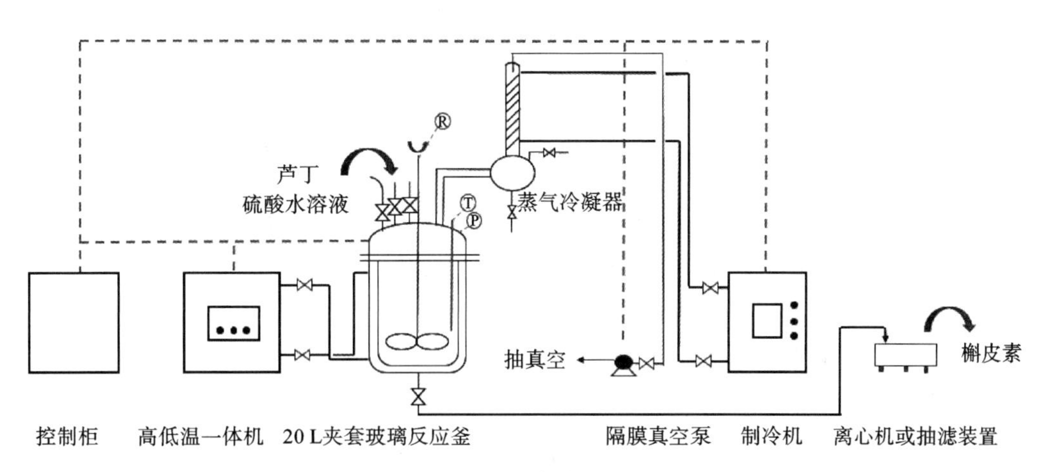

图 6-4　芦丁水解制备槲皮素粗产品的中试工艺流程

搅拌桨的转速、反应釜内的压力和料液温度可以在线监测与显示，可用隔膜真空泵对反应釜内抽真空。反应釜的辅助设备有高低温一体机和制冷机。高低温一体机将导热油加热或冷却到设定温度，同时将导热油输送到反应釜的夹套中对反应釜内的料液进行加热或冷却。制冷机中被冷却的乙二醇-水溶液可对冷凝器中的溶剂蒸气进行冷凝。控制柜连接了高低温一体机、反应釜、制冷机和真空泵，控制柜的界面如图 6-5 所示。

具体的工艺流程为：向反应釜中加料完毕后，设定高低温一体机导热油的温度，开启循环和加热功能，对反应釜中的料液进行加热；设定搅拌速度为 100 r/min，当料液温度升至 60 ℃时，开启制冷机，设定冷却剂的温度，开启循环和制冷功能，对溶剂蒸气进行冷凝回流；当料液温度升至所需的反应温度后，保持在该温度反应一段时间；反应结束后，设定高低温一体机导热油的温度为 30 ℃，开启循环和制冷功能，对反应釜中的料液进行冷却；当料液温度降到 60 ℃时，关闭制冷机的制冷和循环功能，停止冷凝，将料液从反应釜底部转移到离心机或抽滤装置中，经离心或过滤、洗涤得到槲皮素粗品。

2）中试投料前的准备

（1）检查各设备表面是否清洁和无杂物。

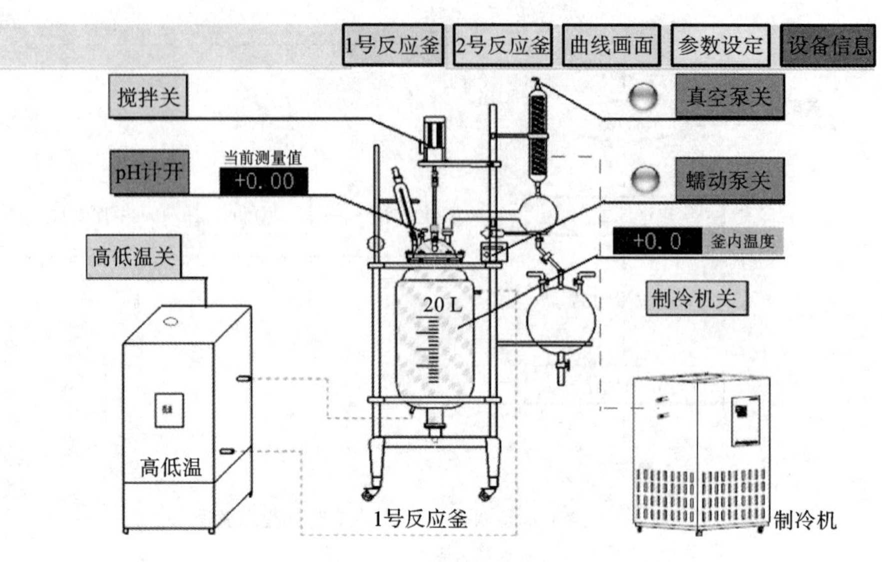

图 6-5　控制柜界面

(2)认识和检查夹套玻璃反应釜。了解夹套玻璃反应釜的结构和每个元器件的用途,具体包括釜体的夹套结构、釜盖与釜体的连接方式、搅拌桨的双层结构和形式选择、防爆电机、釜盖上各个连接口(固体加料口、液体加料口、放空阀、出料口、冷凝器连接口)的用途、冷凝器的连接方式和回流液体走向、热电偶、真空表、测速表等;检查反应釜各个阀门是否开关正常,如磨口阀是否旋转自如,固体加料口的阀门是否拆卸正常,出料口卸料阀是否旋转自如。打开出料口卸料阀时一定要双手操作,左手握住轴,右手顺时针旋转为打开,反之为旋紧;最后观察玻璃釜体、冷凝器及其与反应釜的玻璃连接管道等玻璃器件是否破裂。

(3)检查高低温一体机、反应釜、冷凝器、真空泵、制冷机之间连接管道的紧密性,确保管道没有老化,无滴漏。

(4)打开总电源。

(5)打开控制柜电源,观察控制柜触摸屏界面是否显示正常。

(6)开启高低温一体机,检查高低温一体机是否能正常运行。在控制柜触摸屏上点击「高低温关」,使之变为「高低温开」;依次打开高低温一体机导热油进出的开关,保持手柄方向与管路一致为开;在高低温加热一体机上输入密码,并登录;点击控制柜触摸屏上高低温一体机的「循环关」,使之变为「循环开」,观察导热油是否能在反应釜的夹套中循环;点击控制柜触摸屏上高低温一体机的「加热关」,使之变为「加热开」;在高低温一体机上设置导热油出口温度为 50 ℃(高出室温 20～30 ℃),检查导热油出口温度是否慢慢在上升即高低温一体机的加热功能是否正常;如果高低温一体机能平稳运行,无异常振动或声响且导热油出口温度在不断上升,则在控制柜触摸屏上点击「加热开」,使之变为「加热关」;并在高低温一体机上设置导热油出口温度为室温,点击「制冷关」,使之变为「制冷开」,检查导热油出口温度是否在慢慢降低即高低温一体机的制冷功能是否正常;如果高低温一体机能平稳运行,无异常振动或声响且导热油出口温度在不断降低,则在控制柜触摸屏上依次点击「制冷开」、「循环开」和「高低温开」,使之分别变为「制冷关」、「循环关」和「高低温关」。如果高低温一体机不能正常运行,立即报设备管理员。

(7)开启制冷机,检查制冷机是否能正常运行。在控制柜触摸屏上点击[制冷机关],使之变为[制冷机开];依次打开制冷机与冷凝器之间冷却剂进出的阀门,阀门的手柄方向与管路一致为开;依次打开制冷机的电源和循环开关,观察冷却剂是否能在冷凝器中循环;设定冷却剂的温度,再打开制冷机的制冷开关,观察是否能够制冷和控温;如果制冷机运行平稳,无异常振动或声响且制冷剂的温度能稳定在所设定值,则依次关闭制冷机上的制冷、循环和电源开关,并在控制柜触摸屏上点击[制冷机开],使之变为[制冷机关]。如果制冷机不能正常运行,立即报设备管理员。

(8)检查双层玻璃反应釜内的搅拌桨是否能正常搅拌。点击控制柜触摸屏上的[搅拌关],使之变为[搅拌开]。点击控制柜上的[参数设定],将搅拌选择为[系统调节]。设置搅拌速度为100 r/min,检查搅拌桨是否正常旋转。如果搅拌桨正常旋转,在玻璃反应釜的显速器上能正常显示转速值,则点击控制柜上的[搅拌开],使之变为[搅拌关]。如果搅拌桨不能旋转或出现异常,立即报设备管理员。

(9)检查是否能正常抽真空。关闭反应釜上的所有阀门及冷凝器接收器底部的阀门和放空阀,只保留抽真空的连接口为开启状态;点击控制柜触摸屏上的[真空泵关],使之变为[真空泵开];调节连接隔膜式真空泵管道上的阀门,使之为全关状态(手柄方向垂直于管路方向);开启真空泵的电源开关,调节真空泵上的阀门,使之慢慢打开,观察反应釜上的真空表指针是否能正常显示真空度,比如达到 0.04 MPa;如果真空泵能平稳运行,无异常振动或声响,真空表能正常显示真空度,则慢慢打开反应釜上放空阀,使得真空表上的指针回到初始状态;调节真空泵上的阀门,使之慢慢至全关状态,这时关闭真空泵上的电源;点击控制柜上的[真空泵开],使之变为[真空泵关]。如果真空泵不能抽真空或出现异常,立即报设备管理员。

(10)清洗反应釜。确保反应釜底部卸料阀关闭,向反应釜中加入 20 L 去离子水。至于通过哪一种方式加入去离子水,需要同学们讨论出最佳方案,并给出操作步骤。检查反应釜底部卸料阀、釜体是否有滴漏、破裂等现象。按照上述方式开启搅拌桨,设定搅拌速度为 100 r/min,搅拌若干分钟后,按照上述方式停止搅拌。观察釜壁有无结垢,用专用的刷子清洗。单次清洗完成后打开反应釜底部卸料阀,将废液排至不锈钢接液盘中或相应收集容器中。根据釜内污物情况,可重复多次清洗。

(11)检查不锈钢接液盘内是否清洁、无明显积液。

(12)将高目数滤布安装在离心机内部,加入少量槲皮素和水的混悬液,开启离心机电源。如果离心机平稳运行,无异常振动和声响,槲皮素能被滤布全部截留,则关闭离心机电源。若离心机运行异常或滤布泄漏,则报告设备管理员。

(13)设备检查工作完毕,如果一切正常,就可以开始后续投料。

3)中试操作步骤

(1)准备物料。称取 50 g 芦丁。如果小试优化实验获得硫酸的最佳浓度为 2%(质量体积浓度,g/mL),则中试配制的硫酸水溶液的浓度也为 2%。2%硫酸水溶液的配制方法:用 25 L PP 塑料桶盛 10 L 去离子水,向 10 L 去离子水中慢慢加入 109 mL 浓硫酸,边加入边用长玻璃棒搅拌。

(2)加料。确保反应釜底部卸料阀为全关闭状态。打开反应釜上的固体加料口,小心放置加料口的盖子。为避免芦丁粉末在釜内四处飞散,用纸质锥形长漏斗加入 50 g 芦丁,关闭固体加料口。按照上述讨论出的向釜内加入去离子水的最佳方案加入 10 L 硫酸水溶液。

(3)关闭阀门。检查釜盖上的所有阀门以及冷凝器接收器底部的阀门和放空阀,确保均为关闭状态。

(4)搅拌。按照上述方式开启搅拌桨,设定搅拌速度为 100 r/min。

(5)升温。按照上述方式开启高低温一体机的循环和加热功能,设定导热油出口温度为 120 ℃(一般小试反应的最佳温度都是 100 ℃,即水的回流温度)。

(6)冷凝回流。待反应釜内温度达到 60 ℃时,按照上述方式开启制冷机上循环和制冷功能,设置制冷剂的温度为适当温度,确保反应釜中产生的水蒸气自动在冷凝器中全部冷凝回流。

(7)反应。假如经小试优化实验获得的最佳反应时间为 1 h,则中试反应的最佳时间也选择为 1 h。等反应釜内的温度达到 100 ℃时,开始计时,共反应 1 h。

(8)降温。等反应结束后,设置导热油的出口温度为 30 ℃,按照上述方式开启高低温一体机的制冷功能。特别指出的是,在反应釜内料液进行降温操作过程中,始终保持冷凝器的冷凝作业。

(9)关闭制冷机。等料液的温度降到 60 ℃时,按照上述方式关闭制冷机。

(10)放料。按照上述方式设置搅拌速度为 50 r/min,将 25 L PP 塑料桶放置于反应釜下方的不锈钢防溅漏接液盘内,打开反应釜上的放空阀,按照上述方式适度打开釜底卸料阀(切记不要把卸料阀全部旋开!),让料液以适当的速度流入塑料桶中。按照上述方式停止搅拌,让停留在釜底的料液全部流入塑料桶。从固体加料口加入 60~80 ℃的去离子水(2 L)来冲洗残留在釜底的固体颗粒。将冲洗液并入上述料液中。

(11)离心。向离心机中加入适量料液,开启离心机进行离心。间歇式加入料液,间歇式离心。收集所有的滤液。

(12)取样检测。对滤饼进行取样,用 TLC 观测芦丁是否反应完全。

(13)洗涤和纯化。如果芦丁已经反应完,用 2 L 去离子水洗涤滤饼至中性;如果还有少量芦丁没有反应完,则设计简易的纯化方式,直至滤饼中没有芦丁。

(14)干燥。收集中性滤饼,放入鼓风干燥箱中于 120 ℃烘干 2 h,得干燥的槲皮素。称量,计算得率。

(15)处理废液。收集所有的滤液和滤饼洗涤液,加入氢氧化钠调至中性,排放。

4)中试反应结束后的清洗收尾工作

(1)每次实验结束,将冷凝器收集瓶内冷凝水排出,直接排放。

(2)清洗反应釜。卸料操作完成后,关闭反应釜底部卸料阀,用上述讨论的加入去离子水的最佳方式将 20 L 自来水加入反应釜内,按照上述方式清洗反应釜。总共清洗 3 次,最后一次用去离子水清洗。如果反应釜壁有黄色垢存在,尝试用一定浓度的碱液洗涤。接液盘也要用自来水冲洗干净。

(3)关闭电源。全部操作结束后,按下控制柜面板上红色应急电源按钮,然后关闭总电源。

5)中试合成的重点工艺控制

芦丁水解制备槲皮素的中试合成工艺控制要点如表 6-1 所示。

表 6-1　芦丁水解制备槲皮素的中试合成工艺控制要点

环　　节	控 制 要 点
中试准备	检查:设备、阀门和管道完好,原料合格、数量充足
物料准备	芦丁和硫酸的加入量要准确
加料	确保卸料阀关闭,固体加料时需避免粉末飞散,液体加料须高效、无泼洒
搅拌	搅拌速度
升温	导热油出口温度
冷凝回流	冷却剂温度
反应	反应时间和反应温度
降温	导热油出口温度
放料	搅拌速度、残留在釜底的物料处理
离心	滤布目数、洗涤水温度和用量
取样检测	有无芦丁
洗涤和纯化	至滤饼中性、无芦丁
干燥	干燥温度和干燥时间
废液处理	将废液调至中性

五、实验注意事项

1. 小试实验的注意事项

为了缩短实验时间并达到实验目的,需要多位学生利用多台设备一起完成多次数的实验。为确保实验数据的可靠性,避免槲皮素的收率偏低或虚高(槲皮素最终产品中还含有芦丁),在建立小试工艺时,需要考虑如何减少因多位学生采用多台设备进行实验时带来的随机误差,总结需要注意的环节,列出注意事项和措施。比如,过滤时应该注意什么问题?进行槲皮素粗品纯化时溶剂的加入量应该如何确定?

2. 中试操作的注意事项

以下是中试操作的重点注意事项,需要复核后才能进行操作。

(1)所有设备是否正常运转、阀门开启是否正常且无泄漏、管路是否完好且无泄漏的检查需要复核。尤其是釜底卸料阀门,在加料前确保关闭。

(2)20 L 去离子水的量取需要复核,硫酸加入量的计算与计量需要复核,50 g 芦丁的称量需要复核。

(3)搅拌速度需要复核。搅拌速度不能过高,否则使物料黏附于釜内壁较高处,造成焦化,难以清洗。

(4)高低温一体机的开启需要复核。导热油进出的阀门为全开的,在开启加热功能时,循环功能也是开启的;在开启制冷功能时,循环功能也是开启的。

(5)制冷机的开启需要复核。冷却剂进出制冷机的阀门为全开状态;循环与制冷功能是同时开启的;冷却剂的温度维持在设定值附近波动;在制冷机开启状态,观察冷凝器中是否有可见的回流冷凝水,冷凝作业是否正常。

(6)在升温环节,当反应液的温度升到 60 ℃时,务必开启制冷机,使得溶剂蒸气冷凝回流;在降温环节,在反应液温度降到 60 ℃前,制冷机也是开启的,始终保持冷凝器的冷凝作业。

(7)如果蒸气量大,可以适当降低冷却剂的温度来加大冷凝量。

(8)出料时,要慢慢打开釜底的卸料阀,而且开启适度;防止过度打开,物料冲出来导致烫伤。

(9)进行 TLC 检测时,切记不要用错硅胶板,需采用 GF254 型硅胶板。

(10)无论是过滤还是离心,都要防止物料泄漏。如果泄漏了,需要在更换滤纸或滤布后重新过滤。

(11)中和废水时,要有耐心。可以预先估算氢氧化钠的用量,接近中性时减慢固体氢氧化钠的加料速度,防止加入过量。可根据中和过程中废液颜色的变化确定加入氢氧化钠的速度。

3. 中试操作的紧急预案

1)夹套玻璃反应釜可能出现的事故

玻璃反应釜夹套通入高温或低温导热油,易发生过热或过冷爆裂事故而造成设备损坏,导致导热油或料液泄漏、人员烫伤甚至爆炸火灾等安全事故。如温度表、真空表失灵,或高低温一体机控温系统出现故障,都可能造成玻璃反应釜超温运行,严重时会发生暴沸事故。

2)夹套玻璃反应釜事故紧急处理

(1)如果在升温、反应等环节搅拌桨突然停止搅拌,则关闭搅拌,关闭高低温一体机,并进行抢修。如在 30 min 内无法解决,则启动高低温一体机的降温功能,直至玻璃反应釜内物料温度降至 60 ℃,并将其放出。

(2)当玻璃夹套突然破裂,立即停止高低温一体机的循环功能,关闭高低温一体机,直至玻璃反应釜内物料温度降至 60 ℃,并将其放出。

(3)温度表、真空表失灵,高低温一体机系统发生故障或冷凝系统发生故障,都可能造成玻璃反应釜超高温运行,严重时会发生暴沸或玻璃破裂事故。这时应该关闭高低温一体机,检查或启动制冷机,将体系温度降至可控范围内。

(4)若遇热蒸气烫伤实验操作人员,应作如下处理:Ⅰ度烫伤(表皮红、肿、痛)时,用水冲洗后,取急救药箱中的烫伤膏涂抹;Ⅱ度烫伤(烫伤在浅层局部,可有水疱、疼痛)时,用水冲洗后,取急救药箱中的烫伤膏涂抹后,立即送至校医院进一步处理;Ⅲ度烫伤(伤及深部组织)时,立即报告实验室管理人员,拨打 120 电话救治。

3)其他应急预案

(1)突然停电。突然停电时,关闭设备主电源开关,报告实验室管理员,等待来电。

(2)设备管路或阀门漏水或漏油。紧急关闭进水(油)阀门,关闭设备电源,报告实验室管理员,等待维修处理。

(3)设备线路短路引起火花。紧急关闭总电源,立刻报告实验室管理员。火小的情况下用干粉灭火器对准起火点灭火;当火力无法控制的时候,马上按下火灾警报器,人员即时撤离实验室,同时呼叫消防局处理。

六、讨论与思考

(1)中试时如果产品中存在少量的芦丁,采取什么纯化方案最为简单?

(2)中试时,发现反应釜上的磨口塞被蒸气流冲起来,该怎么办?

(3)中试时,发现制冷机中冷却剂的温度升高到 40 ℃,这可能是由什么原因引起的？该怎么处理？

(4)卸料时,虽然卸料阀已经打开相当多,但是料液流量还是很小,这是什么原因引起的？该怎么解决？

(5)中试时,为了达到演示实验的目的,只向 20 L 反应釜中加入了 10 L 料液。反应过程中,釜内壁上端出现很多小黑点,这是什么原因引起的？该如何避免？

(6)部分不锈钢接液盘生锈了,这是被什么腐蚀的？有什么方法可以避免？

(7)夹套玻璃反应釜内的搅拌桨设计成双层的,每一层的形式不一样,上层是推进式的,下层是锚式的。这是为什么？

(8)中试用的夹套玻璃反应釜与小试用的烧瓶在传热上有什么区别？夹套玻璃反应釜与不锈钢反应釜在传热上有什么区别？

(9)玻璃反应釜中夹套内的导热油温度最好控制在多少,才能尽可能减少副反应？

(10)为什么在中试时不建议使用 95%乙醇对槲皮素粗品进行重结晶？

(11)在这样的夹套玻璃反应釜上总共有哪些液体加料方式？哪种方式最佳？

(唐凤翔、黄剑东编写)

20 L 夹套玻璃反应釜实物图

实验3　螺旋藻多糖的提取纯化工艺优化及中试制备

一、实验目的

(1)掌握天然活性物质提取分离纯化的一般途径和方法。通过检索文献,初步建立从螺旋藻中提取螺旋藻多糖的工艺流程。

(2)掌握天然活性物质提取工艺优化的实验方法,开展从螺旋藻中提取螺旋藻多糖的小试工艺优化,获得较优的工艺条件。

(3)掌握开展中试研究的实验方法,基于小试工艺优化结果,开展螺旋藻中提取螺旋藻多糖的研究,讨论小试和中试结果的异同点。

(4)掌握进一步提高天然活性物质纯度的一般方法,开展螺旋藻多糖纯化精制研究。

(5)掌握螺旋藻中多糖和蛋白质含量的分析方法。

(6)培养通过正确采集数据并进行综合分析获得有效结论的能力,以及解决工程复杂问题的能力。

二、实验原理

螺旋藻多糖是来自螺旋藻的一种水溶性酸性杂多糖,具有抗肿瘤、抗辐射、抗衰老、增加机体免疫力等重要的生理和药理作用,用途广泛。目前从螺旋藻中提取螺旋藻多糖的方法主要有水提取法、超声波提取法和碱性条件提取法(碱提法)。水提取法操作简单但耗时长,由于螺旋藻多糖是胞内多糖,故螺旋藻多糖提取率较低。超声提取法是利用超声过程中产生的空化作用来破碎藻细胞,藻细胞的破碎率较高,胞内多糖释放量增多,螺旋藻多糖的提取率也因此得到提高,但超声提取法产生的较多碎片不利于后续的处理。碱提法是利用碱性溶液提取螺旋藻,碱性溶液可以改变细胞膜结构,增加细胞膜的通透性,引起细胞内外的渗透压改变,从而提高螺旋藻多糖提取率。螺旋藻多糖含有较多的亲水性基团(如磺酸基),加入的碱可增加多糖的溶解度。相比于水提取法,碱提法缩短了提取时间,提取效率更高,节能且简便,比较适合工业化生产。

螺旋藻多糖提取过程中有大量的杂蛋白被提取出来,常见的脱蛋白法有 Sevage 法、三氯乙酸法和等电点法。

Sevage 法脱蛋白是利用蛋白质在三氯甲烷等有机溶剂中变性的特点,将多糖提取液与 Sevage 试剂(氯仿-正丁醇,体积比为 4∶1)以一定比例混合,摇匀静置,变性蛋白存在于水相与有机相的交界处。三氯乙酸沉淀蛋白的原理是蛋白质在某些 pH 环境下变性而沉淀。蛋白质在细胞中的 pH 环境一般为 6～7,相对高或低的 pH 都会引起蛋白质的变性沉淀。三氯乙酸法脱蛋白效果较好,且可以脱除部分色素。等电点法是利用蛋白质在等电点附近溶解度较低而各种蛋白质具有不同等电点的特点进行分离的方法。螺旋藻多糖粗提液中目标产物为多糖,等电点法除蛋白具有简便、试剂用量小、成本低和多糖损失率较低等特点,有利于工业化生产。

乙醇沉淀法(醇沉法)是常用的获得粗多糖的方法之一。醇沉法主要是通过加入乙醇来降低水溶液的介电常数使溶液中多糖因溶解度下降形成沉淀而分离。不同的多糖可用不同浓度的乙醇沉淀，但特异性较低，导致分离效果差。获得较高纯度的多糖需多次醇沉，乙醇溶剂的使用量较大，多糖的损失率较高。因此，醇沉法一般只用于获得粗多糖。粗多糖的纯度较低，需使用柱层析进一步纯化。

螺旋藻多糖经除蛋白之后，粗多糖含有少部分的色素和未除去的蛋白质，一般使用柱层析进行纯化。常用的柱层析有两类：一类是凝胶柱层析，按照待分离对象相对分子质量的大小进行分离；另一类是离子交换层析，根据待分离物质的电荷性质进行交换吸附，当 pH 小于蛋白质的等电点时，粗提液中的蛋白质带正电荷而被吸附，而多糖因不带电荷先被洗脱下来。研究表明，使用离子交换柱层析纯化螺旋藻多糖，纯化效果优于凝胶柱层析。

实验过程中分别采用硫酸苯酚法和考马斯亮蓝法测定提取过程中多糖的得率、纯化过程中多糖的损失率和精制过程后的多糖含量以及蛋白质的脱除率。

三、实验仪器、试剂与材料

1. 实验仪器

30 L 提取浓缩系统、紫外-可见分光光度计、电子天平、移液器、冷冻干燥机、水浴锅、离心机等。

2. 实验试剂

乙醇、氢氧化钠、浓盐酸、浓硫酸、浓磷酸、苯酚、三氯乙酸、葡萄糖、牛血清白蛋白(BSA)和 Bradford 显色液等。

3. 实验材料

螺旋藻、阳离子交换剂等。

四、实验内容

1. 螺旋藻中多糖和蛋白质含量分析方法的建立

(1)Bradford 显色液的配制：将 100 mg 考马斯亮蓝 G-250 溶于 50 mL 95%乙醇，加入 100 mL 浓磷酸，然后用蒸馏水补充至 200 mL，获得 Bradford 浓染液，4 ℃下存放。使用时，按 1∶5体积比用蒸馏水稀释浓染液，如出现沉淀，过滤除去，获得 Bradford 显色液。

(2)采用硫酸苯酚法测定多糖含量。准确称取干燥后的标准葡萄糖 0.01 g，加入蒸馏水中溶解，定容至 100 mL，摇匀配成 0.1 mg/mL 的标准葡萄糖溶液。在试管中分别准确吸取标准葡萄糖溶液 0 mL、0.1 mL、0.2 mL、0.3 mL、0.4 mL、0.6 mL、0.8 mL、1 mL，并用蒸馏水补充至 1 mL。先加入 0.5 mL 6%苯酚溶液(配好的苯酚溶液应避光保存)，摇匀，再加入 2.5 mL 浓硫酸，摇匀，室温下反应 30 min。以蒸馏水为空白对照，使用紫外-可见分光光度计测定各管溶液于 490 nm 波长下的吸光度，绘制葡萄糖标准曲线。通过与标准曲线的对比，测定样品的多糖含量。

(3)采用考马斯亮蓝法测定蛋白质含量。准确称取标准牛血清白蛋白(BSA)标准品 0.01 g，加入蒸馏水中溶解，转移入 100 mL 容量瓶中并加水至刻度，摇匀配成 0.1 mg/mL 的标准溶液。在试管中分别准确吸取标准牛血清白蛋白溶液 0 mL、0.1 mL、0.2 mL、0.3 mL、0.4 mL、0.6 mL、0.8 mL、1 mL，并用蒸馏水补充至 1 mL。分别加入 5 mL Bradford 显色液，摇匀，室温静置 5 min。以蒸馏水为空白对照，使用紫外-可见分光光度计测定各管溶液于 595

nm 波长下的吸光度，绘制牛血清白蛋白标准曲线。通过与标准曲线的对比，测定样品的蛋白质含量。

2. 螺旋藻多糖的提取小试工艺优化

通过查阅文献，构建从螺旋藻中提取螺旋藻多糖的工艺流程，如图 6-6 所示。进一步开展从螺旋藻中提取螺旋藻多糖的小试工艺优化，从提取时间、提取温度、料液比和提取次数等四个方面设计四因素三水平的正交实验 $L_9(3^4)$，并把实验结果填写于表 6-2 中。分析各因素对螺旋藻多糖提取率的影响，选取螺旋藻多糖提取的最佳条件，用于中试放大实验。

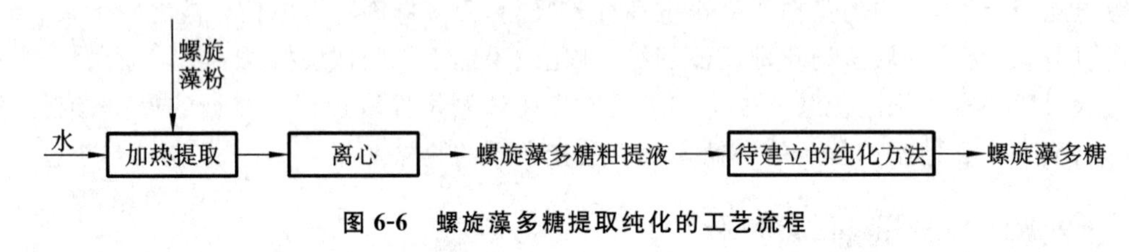

图 6-6　螺旋藻多糖提取纯化的工艺流程

表 6-2　小试工艺优化正交实验

实验号	A 温度/℃	B 料液比	C 时间/h	D 提取次数	多糖提取率/(%)
1	A1	B1	C1	D1	
2	A1	B2	C2	D2	
3	A1	B3	C3	D3	
4	A2	B1	C2	D3	
5	A2	B2	C3	D1	
6	A2	B3	C1	D2	
7	A3	B1	C3	D2	
8	A3	B2	C1	D3	
9	A3	B3	C2	D1	
K_1					K_m 为第 j 列因素 m 水平所对应的实验指标之和；优水平为 K_m 中最大值对应的水平；R_j 为 $K_m/3$ 中最大值与最小值之差
K_2					
K_3					
$K_1/3$					
$K_2/3$					
$K_3/3$					
优水平					
R_j					
主次顺序					

3. 螺旋藻多糖的提取的中试放大

利用螺旋藻多糖的优化提取小试工艺优化实验的结果，开展螺旋藻多糖提取中试放大实验，获得螺旋藻多糖粗品。实验中每小时取样 1 次，每次取 3 管，以减小误差。将实验结果整理记录于表 6-3 至表 6-5 中，讨论小试和中试结果的异同点。中试实验在 30 L 提取浓缩系统中开展。

表 6-3　中试实验提取料液比的选择

固液比	1∶20	1∶50	1∶100	1∶200	1∶300
提取率/(%)					

表 6-4　中试实验提取时间的优化

提取时间	1 h	2 h	3 h	4 h	5 h	浓缩后
提取率/(%)						

表 6-5　中试实验提取温度的选择与优化

提取温度	60 ℃	70 ℃	80 ℃	90 ℃	常温
提取率/(%)					

4. 螺旋藻多糖的纯化方法研究

研究纯化螺旋藻多糖粗品(除蛋白)的方法，比较等电点法、三氯乙酸法和醇沉法的优缺点。

1)等电点法除蛋白

取 30 mL 多糖粗提液，置于烧杯中，用 0.1 mol/L HCl 溶液将 pH 调到 4.3，搅拌均匀，静置 30 min，于 8000 r/min 离心 5 min，得到上清液。分别测定上清液中多糖和糖蛋白的含量，计算多糖的损失率和蛋白质的脱除率。

2)三氯乙酸法除蛋白

取 30 mL 多糖粗提液，置于烧杯中，加入 10 mL 15%三氯乙酸溶液，在 40 ℃水浴锅中水浴 30 min，于 8000 r/min 离心 5 min 后弃沉淀，得到上清液。分别测定上清液中多糖和糖蛋白的含量，计算多糖的损失率和蛋白质的脱除率。

3)醇沉法除蛋白

取一定量的多糖粗提液，置于烧杯中，加入 3～4 倍体积的 95%乙醇，静置过夜，于 8000 r/min 离心 10 min 后取沉淀，冷冻干燥，得到螺旋藻粗多糖。取 1 g 螺旋藻粗多糖，溶于 100 mL 水，搅拌使其充分溶解后，于 8000 r/min 离心 5 min 后弃沉淀，得到上清液。分别测定上清液中多糖和糖蛋白的含量，计算多糖的损失率和蛋白质的脱除率。

将以上 3 种分离提纯方法的实验数据填入表 6-6 中，讨论分析这 3 种方法的优缺点。

表 6-6　螺旋藻多糖的提纯研究

除蛋白方法	多糖损失率/(%)	蛋白质脱除率/(%)
等电点法		
三氯乙酸法		
醇沉法		

5. 螺旋藻多糖的精制研究

往洗净的层析柱内倒入一定量的洗脱液，再将处理好的阳离子交换剂搅匀后倒入柱内自然沉降。待阳离子交换剂沉降约 5 cm 时，打开出口并调节流速为 5 mL/min，使阳离子交换剂继续沉集，当顶端的液面与阳离子交换剂相差 3 cm 时，关闭出口。检测柱内的阳离子交换剂是否均匀，是否有气泡，否则要重新装柱。装好柱后用洗脱液平衡 24 h。取醇沉后的螺旋藻粗多糖，用少量的蒸馏水溶解，离心，取上清液。将上清液沿壁小心地加入柱内，上样之后用

pH 等于 3.0 的硫酸溶液洗脱，流速为 5 mL/min，以 10 mL/管收集洗脱液，用硫酸苯酚法检测峰值，直到无糖检测出为止。收集并合并含糖的溶液，浓缩，真空冷冻干燥，得到初步纯化的螺旋藻多糖。取一定量的螺旋藻多糖冻干粉，溶于水，测定精制后的多糖的损失率和蛋白质的脱除率，将实验数据填于表 6-7 中。

表 6-7　螺旋藻多糖的精制研究

精制方法	多糖损失率/(%)	蛋白质脱除率/(%)
离子交换层析		

6. 30 L 提取浓缩系统简介及操作流程

1)30 L 提取浓缩系统简介

30 L 提取浓缩系统的工艺流程如图 6-7 所示。核心设备是 30 L 提取罐和单效浓缩装置。提取罐的釜盖上有 1 个加料口，用于添加物料和产品取样；提取罐内搅拌桨的转速、加热蒸汽的压力和料液温度都可以在线显示；提取罐上方的冷凝器可以实现冷凝回流；单效浓缩装置主要由列管换热器、蒸发室和抽真空冷凝系统组成。列管换热器用于加热已经转移到浓缩装置中的提取液，然后用真空泵对蒸发室进行抽真空，使提取液在较低温度下沸腾浓缩。

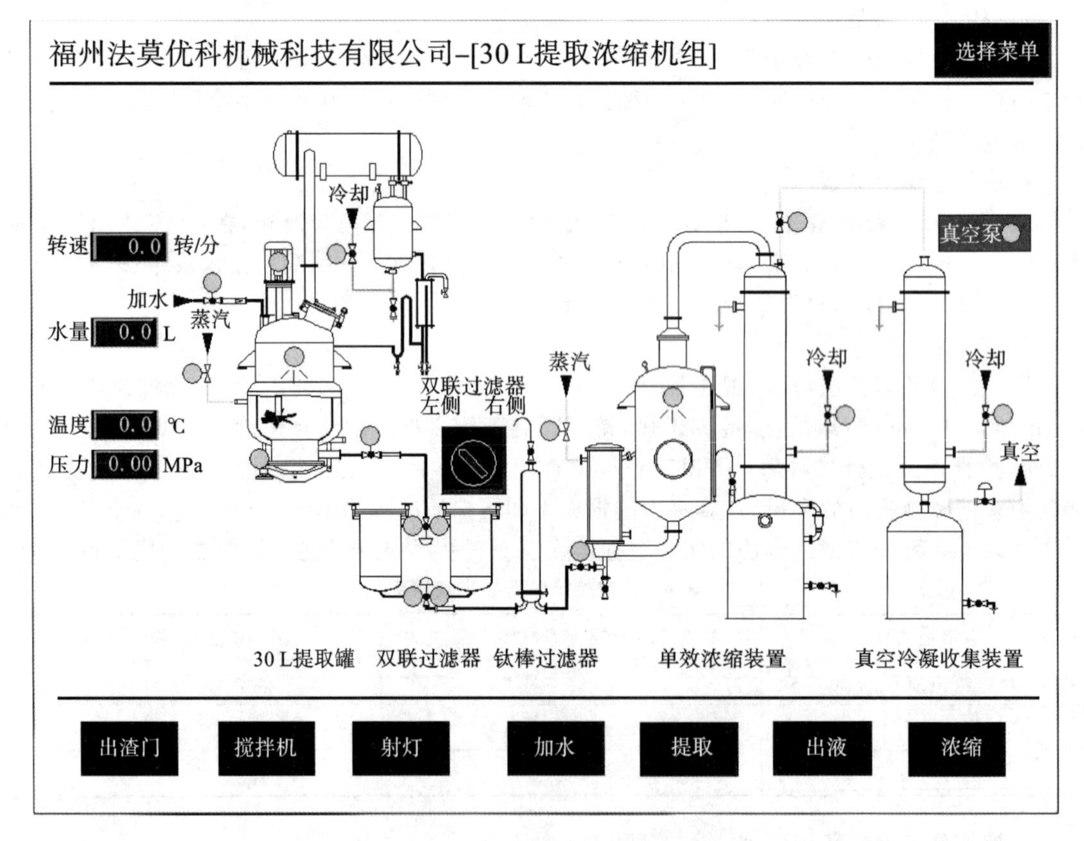

图 6-7　30 L 提取浓缩系统的工艺流程

具体的工艺流程为：向提取罐中加料(螺旋藻)完毕后，加入设定的水量，然后设定搅拌速度、加热温度、提取时间、冷凝器自动开启温度等，当料液温度升至所需的提取温度后，保持在该温度提取一段时间(每隔一段时间取样一次)，直至提取结束；提取结束后，利用抽真空的方式使提取液通过双联过滤器和钛棒过滤器转移至单效浓缩装置；单效浓缩装置中的提取液在加热和抽真空的作用下，不断在列管换热器和蒸发室之间循环，使提取液受热均匀，并不断沸腾浓缩；当提取液在蒸发室的液面高度下降到 2 cm 以下时，关闭加热蒸汽，停止抽真空，停止浓缩，将提取液从列管换热器底部转移到大烧杯中，得到浓缩后的多糖提取液。

该工艺的主要控制按钮包括出渣门（用于出渣和清洗）、搅拌机、射灯（提取罐和浓缩的照明）、加水（提取加水和清洗加水）、提取（设置提取温度和提取时间）、出液（把提取罐中的液体经过滤后输送到浓缩罐）、浓缩（设置浓缩时间，把液体浓缩）。

2）30 L 提取浓缩系统的基本操作流程

（1）开机前检查。

①检查水、电、压缩空气、蒸汽公用系统是否正常。

a. 水：检查水管及阀门是否正常、下水有无堵塞。打开总进水阀，自来水流入设备管路，水管及各分水阀应无滴漏。

b. 电：检查电路及开关是否正常。打开总电源开关，打开提取浓缩系统开关，检查提取浓缩系统是否正常启动。

c. 压缩空气：打开空气压缩机开关，检查空压机是否正常启动、压缩空气管路有无泄漏、气阀是否正常开关。

d. 蒸汽：检查电加热蒸汽发生器水箱水位，打开进水开关，检查进水是否正常。检查蒸汽管路和阀门是否正常。启动电加热蒸汽发生器，电加热蒸汽发生器运行指示灯点亮，蒸汽管路应无泄漏。检查蒸汽阀门是否正常开关、安全阀是否调到适当值。

②检查提取罐、双联过滤器、单效浓缩器设备是否正常。

a. 提取罐：检查提取罐是否清洁、排渣门出液口是否有药渣堵塞，关紧排渣门。检查可视灯是否正常、搅拌器是否正常运转。

b. 双联过滤器：检查过滤网和钛棒过滤器是否清洁无药渣堵塞，安装好过滤网和钛棒过滤器。

c. 单效浓缩器：检查单效浓缩器内部是否清洁，检查进料阀门和出料口是否正常开关。

d. 加水清洗及试运行：点击加水按钮，系统自动打开加水管气动阀，根据流量计设定值（30 L）进行加水操作。按照提取操作、过滤操作和浓缩操作流程，在不加料、不加热条件下，提取罐、过滤器和浓缩器分别通入水进行清洗和试运行。

（2）提取操作。

①投料：打开投料口，从投料口加入物料，加料完毕，关闭投料口。

②加水：点击加水按钮，系统自动打开加水管气动阀，根据流量计设定值（0～30 L）进行加水操作，加水完毕后关闭气动阀。

③搅拌：在控制面板上，通过调节搅拌旋钮设置搅拌桨的转速，一般设定为 60 r/min。

④加热：打开提取罐蒸汽疏水阀的旁路阀，排出管路内积集的冷凝水。打开提取罐夹套进汽阀，对提取罐进行加热操作。提取过程中，当达到最高设定温度值时，蒸汽阀门自动关闭；当低于最低温度设定值时，蒸汽阀门自动打开。此外，在蒸汽加热过程中，当蒸汽压力值高于设定的安全蒸汽压力值（系统设定值为 0.09 MPa）时，蒸汽阀自动关闭。

⑤提取时间：当提取温度达到设定值后，开始计时，达到提取时长后，蒸汽加热自动关闭。

（3）过滤操作。

①当提取操作完成后，启动真空泵产生负压，打开真空泵的冷凝冷却装置及电磁阀，准备进行提取液的过滤与转移，即提取液的出液操作。

②关闭单效浓缩器出液阀，打开提取罐出液气动阀、双联过滤器进液气动阀（三通阀）、双

联过滤器出液气动阀(三通阀)、浓缩器进液气动阀,然后打开浓缩装置的真空阀。打开浓缩装置的冷凝器冷却水进水气动阀。提取液全部出液完成后,点击出液按钮关闭出液程序,关闭浓缩器进液阀。

③提取罐液体放尽后,点击出渣门按钮,再点击辅助开关,确认盖锁紧辅助气缸完全打开后,再点击底盖主气缸,开启底盖,排渣;排渣结束后,点击底盖主气缸,确认底盖关闭到位后,再点击盖锁紧辅助气缸开关,确认辅助气缸关闭到位。

(4)浓缩操作。

①当提取液出液完成后,点击浓缩按钮进入浓缩操作阶段。

②打开单效浓缩器蒸汽启动阀,对浓缩器进行加热操作。点击浓缩按钮设定浓缩时间,浓缩结束停止蒸汽加热,关闭真空阀、冷凝器冷却水进水气动阀。打开浓缩器出料口,放出浓缩后的料液。

(5)清洗操作。

①清洗过滤器:分别打开双联过滤器和钛棒过滤器,取出不锈钢过滤网和钛棒,用自来水反向冲洗直至无残留。

②清洗提取浓缩系统及管路:提取罐中加入一定体积水,开启搅拌电机搅拌清洗。提取罐清洗结束,打开真空泵形成负压,依次将水通过过滤器和单效浓缩器进行清洗。

五、实验注意事项

在进行螺旋藻多糖提取中试实验时,以下事项需要重点关注。

(1)要注意控制搅拌速度,以免局部过热。

(2)采用蒸汽加热时,要注意设置蒸汽的保护压力,以免蒸汽压力过大,发生意外。

(3)要注意蒸汽锅炉的水位,以免干烧。

(4)提取罐中水位不能过高或过低。过高,易发生料液外溢;过低,搅拌不充分。

(5)通加热蒸汽时,要先打开蒸汽疏水阀的旁路阀,然后利用蒸汽压力排出管路内积集的冷凝水,约 2 min 后再关闭,以免蒸汽疏水阀堵塞。

(6)若提取罐中的提取液暴沸,应立即关闭加热蒸汽并停止搅拌;必要时,可通水冷却。

六、讨论与思考

(1)传统螺旋藻多糖采用水提醇沉法进行制备,如何采用膜分离法进行优化?

(2)影响螺旋藻多糖提取的因素有哪些?应如何进行优化?

(3)简述螺旋藻多糖从小试到中试放大过程应注意的问题。

(4)本实验中,哪种提取方式的多糖提取率最高?哪种方法的除蛋白效率最高?可能的原因是什么?

(郑碧远、黄剑东编写)

30 L 提取浓缩系统实物图

电加热蒸汽锅炉的使用方法

实验4 对乙酰氨基酚片剂的制备和质量评价

一、实验目的

(1)掌握湿法制粒压片的基本工艺过程和制备湿颗粒的操作要点。

(2)了解压片机的基本构造与装拆过程,能正确使用和保养压片机,开展对乙酰氨基酚片剂的制备。

(3)掌握片剂质量评价的方法和操作要点,通过片剂外观、片重差异和硬度检查等对对乙酰氨基酚片剂的质量进行初步评价。

(4)掌握药物溶出仪的工作原理和操作要点,测试对乙酰氨基酚片剂的溶出度。

(5)掌握分光光度计的工作原理和操作要点,计算含药百分率。

(6)训练综合运用知识解决问题的能力,培养药品质量意识。

二、实验原理

片剂系指药物与辅料均匀混合,通过制剂技术压制而成的圆片或异形片状的固体制剂。片剂常用的辅料包括填充剂、黏合剂、崩解剂及润滑剂。片剂的制备方法有湿法制粒压片、干法制粒压片和直接压片,其中应用较广泛的是湿法制粒压片,适用于对湿热稳定的药物。本实验选择对乙酰氨基酚为模型药物,采用湿法制粒压片,工艺流程如下:

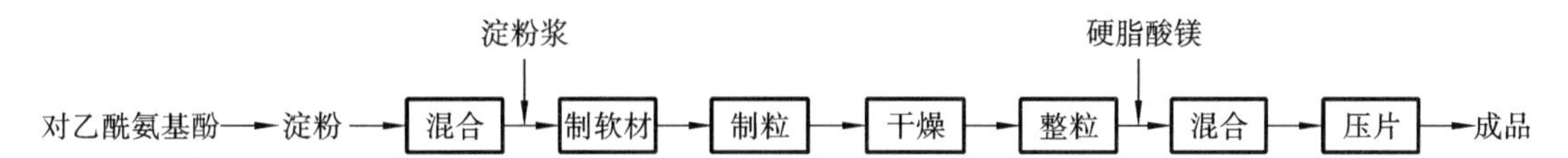

片剂质量检查项目有外观、片重差异、硬度、含药百分率、崩解时限和溶出度等。本实验主要检查片重差异、硬度、含药百分率和溶出度四个项目。

片重差异大,意味着每片的主药含量不一。因此,必须将片剂的质量差异控制在最小的限度内。片重差异限度规定为:0.30 g以下为±7.5%,0.30 g或0.30 g以上为±5.0%。

硬度可采用片剂硬度仪测定。一般片剂的硬度需达到30 N以上,但是针对不同的药物,硬度要求也不一样,这与主药的性质有关。

片剂含药百分率通常以相当于标示量的百分含量表示。

$$\text{标示量百分含量}=\frac{\text{每片含量}}{\text{标示量}}\times 100\%=\frac{\dfrac{\text{测得量(g)}}{\text{供试品重(g)}}\times\text{平均片重(g/片)}}{\text{标示量(g/片)}}\times 100\%$$

溶出度是指在规定介质中药物从片剂等固体制剂溶出的速度和程度。固体制剂经口服后,在体内胃肠液中需经过崩解和溶解过程才能被机体吸收。溶出度测定方法分为转篮法、桨法和小杯法。在规定取样点吸取溶液适量,立即经0.8 μm滤膜过滤,取滤液,测定药物浓度,算出每片溶出量和溶出百分率。一般需测试6片的溶出百分率,如6片中仅有1~2片低于80%,但不低于70%,且其平均溶出量不低于80%时,仍可判为合格。如6片中仅有1片低于70%,应另取6片复试。初、复试的12片中仅有1~2片低于70%,且其平均溶出量不低于

80%时,应判为合格。

三、实验仪器、试剂与材料

1. 实验仪器

压片机、分样筛(16 目、80 目)、药物溶出仪、片剂硬度仪、电子天平、紫外分光光度计、烘箱等。

2. 实验试剂

对乙酰氨基酚、盐酸、硬脂酸镁、氢氧化钠等。

3. 实验材料

淀粉、注射器、微孔滤膜等。

四、实验内容

1. 对乙酰氨基酚片的制备

1)配制 20%的淀粉浆

称取 25 g 淀粉,先用 25 mL 蒸馏水润湿分散,再逐渐加入 100 mL 沸水,边加边搅拌,继续加热直至呈糊状。待其温度降至 30 ℃以下再加入原辅料中。

2)制粒

称取 40 g 对乙酰氨基酚,与 5 g 淀粉混合均匀,加入淀粉浆制成软材,经 16 目筛制粒,将湿颗粒于 70～80 ℃干燥,过 16 目筛整粒,再加入总重 1%(质量分数)的硬脂酸镁,充分混匀。

3)压片

安装冲头和冲模,使上、下冲头恰在模圈模孔的中心位置,旋紧固定螺丝。装好饲料靴和加料斗,并加入颗粒。用手转动转轮,如感到不易转动,不得用力硬转,应小心倒转少许,然后旋动压力调节器使之适当上升以减小压力。调节片重调节器,使压出的片重与应压片重相等;调节压力调节器,使压出的片剂有一定的硬度。在一切操作均较顺利后,开启电动机进行试压,检查片重和硬度,达到要求后方可正式压片。压片完毕,用毛刷刷去药粉,用纱布揩拭机件,使压片机干燥清洁。

2. 对乙酰氨基酚片的质量检查

1)片重差异检查

取 20 片,分别精密称定各片的质量。超出片重差异限度的片剂不得多于 2 片,并不得有 1 片超出限度 1 倍。

2)硬度检查

采用片剂硬度仪测定,将药片径向固定在两横杆之间,其中的活动柱杆借助弹簧沿水平方向对片剂径向加压。当片剂破碎时,活动柱杆的弹簧停止加压,仪器刻度盘所指示的压力即为片的硬度。测定 6 片,取平均值。

3)含药百分率测定

取 10 片,研细,精密称取适量(约相当于对乙酰氨基酚 80 mg),置于 250 mL 容量瓶中,加 0.4%(g/mL)氢氧化钠溶液 50 mL,振摇 15 min 使其溶解后,加水至刻度,摇匀,用干燥滤纸过滤。精密量取续滤液 5 mL,置于 100 mL 容量瓶中,加 0.4%氢氧化钠溶液 10 mL,加水至刻度,摇匀。依照分光光度法,在 257 nm 波长处测定吸光度,按 $C_8H_9NO_2$ 的百分吸光系数

$E_{1\,cm}^{1\%}$ 为 715，计算片剂的平均含药百分率。

4）溶出度测定

使用药物溶出仪测定溶出度。用水将 24 mL 2.5 mol/L HCl 溶液稀释至 1000 mL，作为溶出介质，装好转篮，使其底部距溶出杯底 25 mm，调整转速为 100 r/min。将药片精密称定后，投入转篮内。当转篮浸入溶出介质中，开始计时。30 min 时，在固定位置从溶出杯中取样 10 mL，取样点在转篮上端距液面中间、离烧杯壁 1 cm 处。样液用 0.8 μm 微孔滤膜过滤，量取续滤液 3 mL，置于 50 mL 容量瓶中，加 0.04%(g/mL)氢氧化钠溶液定容，摇匀。依照分光光度法，在 257 nm 波长处测定吸光度，按 $C_8H_9NO_2$ 的百分吸光系数 $E_{1\,cm}^{1\%}$ 为 715，计算每片的溶出量和溶出百分率。

将上述实验结果分别整理、记录于表 6-8 至表 6-11。

表 6-8　片重差异检查结果

平均片重________　质量差异限度________%　合格范围________

片剂编号	1	2	3	4	5	6	7	8	9	10
片重/g										
片剂编号	11	12	13	14	15	16	17	18	19	20
片量/g										
合格与否										

表 6-9　硬度检查结果

编　号	1	2	3	4	5	6	平均值
硬度							
片径							

表 6-10　对乙酰氨基酚片剂含药百分率测定结果

编号	称取的粉末质量/mg	*A*	含药百分率/(%)	含药百分率平均值/(%)
1				
2				
3				

表 6-11　片剂溶出度测定结果

编号	片重/mg	*A*	溶出量/mg	溶出百分率/(%)	是否合格
1					
2					
3					
4					
5					
6					

五、实验注意事项

(1)药物和辅料用量相差较大时,为确保混合均匀,采用等量递加法混合。

(2)黏合剂用量要恰当,使软材达到手握成团,轻压即散,再将软材挤压过筛,制成所需大小的颗粒,颗粒应以无长条、块状和过多的细粉为宜。

(3)压片机有一定的转向,不得反向运转,否则将会损坏机件。

(4)压片前的制粒工艺对压片有很大的影响。在压片过程中,若发现较高压力下仍压不成片,或发现压成片但出现松片、粘冲、裂片、麻点等现象,就应从制粒方面找原因,加以解决。切忌为提高硬度而盲目增加压力,在过高压力下,压力调节器中心活动螺杆易弯曲损坏。

(5)溶出杯内介质的温度是通过外面的水箱控制的,在测定时要保证溶出介质的温度达到(37±0.5)℃。

六、讨论与思考

(1)湿法制粒压片有何优缺点?湿法制粒压片过程中应注意哪些问题?结合实验过程进行分析。

(2)对固体制剂进行体外溶出度测定有何意义?溶出度测定主要针对什么样的药物制剂?

(万东华、黄剑东编写)

单冲压片机的
使用说明

旋转式多冲压片机的
使用说明

附录

附录 A　常用酸碱溶液

一、常用酸溶液

名　称	化学式	浓　度	配制方法
硫酸	H_2SO_4	18 mol/L	市售密度为 1.84 g/mL 的浓 H_2SO_4
		6 mol/L	取 332 mL 18 mol/L 的浓 H_2SO_4，缓慢加入水中，稀释至 1 L
		3 mol/L	取 166 mL 18 mol/L 的浓 H_2SO_4，缓慢加入水中，稀释至 1 L
		1 mol/L	取 56 mL 18 mol/L 的浓 H_2SO_4，缓慢加入水中，稀释至 1 L
盐酸	HCl	12 mol/L	市售密度为 1.19 g/mL 的浓 HCl
		8 mol/L	取 666.7 mL 12 mol/L 的浓 HCl，加水稀释至 1 L
		6 mol/L	取 500 mL 12 mol/L 的浓 HCl，加水稀释至 1 L
		2 mol/L	取 167 mL 12 mol/L 的浓 HCl，加水稀释至 1 L
		1 mol/L	取 84 mL 12 mol/L 的浓 HCl，加水稀释至 1 L

二、常用碱溶液

名　称	化学式	浓　度	配制方法
氢氧化钾	KOH	1 mol/L	取 56 g KOH，溶于水，冷却后加水稀释至 1 L
氢氧化钠	NaOH	6 mol/L	取 240 g NaOH，溶于水，冷却后加水稀释至 1 L
		2 mol/L	取 80 g NaOH，溶于水，冷却后加水稀释至 1 L
氨水	$NH_3 \cdot H_2O$	15 mol/L	市售密度为 0.9 g/mL 的 $NH_3 \cdot H_2O$
		6 mol/L	取 400 mL 15 mol/L 的 $NH_3 \cdot H_2O$，加水稀释至 1 L
		3 mol/L	取 200 mL 15 mol/L 的 $NH_3 \cdot H_2O$，加水稀释至 1 L
		1 mol/L	取 67 mL 15 mol/L 的 $NH_3 \cdot H_2O$，加水稀释至 1 L

附录B　常用缓冲溶液

一、邻苯二甲酸-盐酸缓冲溶液(0.05 mol/L)

pH	x/mL	y/mL	pH	x/mL	y/mL
2.2	50	46.70	3.0	50	20.32
2.4	50	39.60	3.2	50	14.70
2.6	50	32.95	3.4	50	9.90
2.8	50	26.42	3.6	50	5.97

注:x mL 0.2 mol/L 邻苯二甲酸氢钾溶液与 y mL 0.2 mol/L HCl 溶液混匀,再加水稀释至 200 mL;邻苯二甲酸氢钾的相对分子质量为 204.22,0.2 mol/L 溶液含邻苯二甲酸氢钾 40.84 g/L。

二、甘氨酸-盐酸缓冲溶液(0.05 mol/L)

pH	x/mL	y/mL	pH	x/mL	y/mL
2.2	50	44.0	3.0	50	11.4
2.4	50	32.4	3.2	50	8.2
2.6	50	24.2	3.4	50	6.4
2.8	50	16.8	3.6	50	5.0

注:x mL 0.2 mol/L 甘氨酸溶液与 y mL 0.2 mol/L HCl 溶液混匀,再加水稀释至 200 mL;甘氨酸的相对分子质量为 75.07,0.2 mol/L 溶液含甘氨酸 15.01 g/L。

三、甘氨酸-氢氧化钠缓冲溶液(0.05 mol/L)

pH	x/mL	y/mL	pH	x/mL	y/mL
8.6	50	4.0	9.6	50	22.4
8.8	50	6.0	9.8	50	27.2
9.0	50	8.8	10.0	50	32.0
9.2	50	12.0	10.4	50	38.6
9.4	50	16.8	10.6	50	45.5

注:x mL 0.2 mol/L 甘氨酸溶液与 y mL 0.2 mol/L NaOH 溶液混匀,再加水稀释至 200 mL;甘氨酸的相对分子质量为 75.07,0.2 mol/L 溶液含甘氨酸 15.01 g/L。

四、磷酸二氢钾-氢氧化钠缓冲溶液(0.05 mol/L)

pH	x/mL	y/mL	pH	x/mL	y/mL
5.8	50	3.72	7.0	50	29.63
6.0	50	5.70	7.2	50	35.00
6.2	50	8.60	7.4	50	39.50
6.4	50	12.60	7.6	50	42.80
6.6	50	17.80	7.8	50	45.20
6.8	50	23.65	8.0	50	46.80

注:x mL 0.2 mol/L KH_2PO_4溶液与 y mL 0.2 mol/L NaOH 溶液混匀,再加水稀释至 200 mL;KH_2PO_4的相对分子质量为 136.09,0.2 mol/L 溶液含 KH_2PO_4 27.21 g/L。

五、三羟甲基氨基甲烷(Tris)-盐酸缓冲溶液(0.05 mol/L,25 ℃)

pH	x/mL	y/mL	pH	x/mL	y/mL
7.1	50	45.7	8.1	50	26.2
7.2	50	44.7	8.2	50	22.9
7.3	50	43.4	8.3	50	19.9
7.4	50	42.0	8.4	50	17.2
7.5	50	40.3	8.5	50	14.7
7.6	50	38.5	8.6	50	12.4
7.7	50	36.6	8.7	50	10.3
7.8	50	34.5	8.8	50	8.5
7.9	50	32.0	8.9	50	7.0
8.0	50	29.2	9.0	50	5.7

注:x mL 0.1 mol/L 三羟甲基氨基甲烷(Tris)溶液与 y mL 0.1 mol/L HCl 溶液混匀,再加水稀释至 100 mL;Tris 的相对分子质量为 121.14,0.1 mol/L 溶液含 Tris 12.114 g/L。

六、磷酸氢二钠-柠檬酸缓冲溶液

pH	0.2 mol/L Na_2HPO_4/mL	0.1 mol/L 柠檬酸/mL	pH	0.2 mol/L Na_2HPO_4/mL	0.1 mol/L 柠檬酸/mL
2.2	0.40	19.60	2.8	3.17	16.83
2.4	1.24	18.76	3.0	4.11	15.89
2.6	2.18	17.82	3.2	4.94	15.06

续表

pH	0.2 mol/L Na_2HPO_4/mL	0.1 mol/L 柠檬酸/mL	pH	0.2 mol/L Na_2HPO_4/mL	0.1 mol/L 柠檬酸/mL
3.4	5.70	14.30	5.8	12.09	7.91
3.6	6.44	13.56	6.0	12.63	7.37
3.8	7.10	12.90	6.2	13.22	6.78
4.0	7.71	12.29	6.4	13.85	6.15
4.2	8.28	11.72	6.6	14.55	5.45
4.4	8.82	11.18	6.8	15.45	4.55
4.6	9.35	10.65	7.0	16.47	3.53
4.8	9.86	10.14	7.2	17.39	2.61
5.0	10.30	9.70	7.4	18.17	1.83
5.2	10.72	9.28	7.6	18.73	1.27
5.4	11.15	8.85	7.8	19.15	0.85
5.6	11.60	8.40	8.0	19.45	0.55

注：柠檬酸($C_6H_8O_7 \cdot H_2O$)的相对分子质量为210.14，0.1 mol/L溶液含$C_6H_8O_7 \cdot H_2O$ 21.01 g/L；$Na_2HPO_4 \cdot 2H_2O$的相对分子质量为178.05，0.2 mol/L溶液含$Na_2HPO_4 \cdot 2H_2O$ 35.61 g/L。

七、柠檬酸-柠檬酸钠缓冲溶液(0.1 mol/L)

pH	0.1 mol/L 柠檬酸/mL	0.1 mol/L 柠檬酸钠/mL	pH	0.1 mol/L 柠檬酸/mL	0.1 mol/L 柠檬酸钠/mL
3.0	18.6	1.4	5.0	8.2	11.8
3.2	17.2	2.8	5.2	7.3	12.7
3.4	16.0	4.0	5.4	6.4	13.6
3.6	14.9	5.1	5.6	5.5	14.5
3.8	14.0	6.0	5.8	4.7	15.3
4.0	13.1	6.9	6.0	3.8	16.2
4.2	12.3	7.7	6.2	2.8	17.2
4.4	11.4	8.6	6.4	2.0	18.0
4.6	10.3	9.7	6.6	1.4	18.6
4.8	9.2	10.8			

注：柠檬酸$C_6H_8O_7 \cdot H_2O$的相对分子质量为210.14，0.1 mol/L溶液含$C_6H_8O_7 \cdot H_2O$ 21.01 g/L；柠檬酸钠$Na_3C_6H_5O_7 \cdot 2H_2O$的相对分子质量为294.12，0.1 mol/L溶液含$Na_3C_6H_5O_7 \cdot 2H_2O$ 29.41 g/L。

八、乙酸-乙酸钠缓冲溶液(0.2 mol/L)

pH	0.2 mol/L NaAc/mL	0.2 mol/L HAc/mL	pH	0.2 mol/L NaAc/mL	0.2 mol/L HAc/mL
3.6	0.75	9.25	4.8	5.90	4.10
3.8	1.20	8.80	5.0	7.00	3.00
4.0	1.80	8.20	5.2	7.90	2.10
4.2	2.65	7.35	5.4	8.60	1.40
4.4	3.70	6.30	5.6	9.10	0.90
4.6	4.90	5.10	5.8	9.40	0.60

注:HAc的相对分子质量为60.05,0.2 mol/L溶液含HAc 12.01 g/L;NaAc·$3H_2O$的相对分子质量为136.09,0.2 mol/L溶液含NaAc·$3H_2O$ 27.22 g/L。

九、磷酸氢二钠-磷酸二氢钠缓冲溶液(0.2 mol/L)

pH	0.2 mol/L Na_2HPO_4/mL	0.2 mol/L NaH_2PO_4/mL	pH	0.2 mol/L Na_2HPO_4/mL	0.2 mol/L NaH_2PO_4/mL
5.8	8.0	92.0	7.0	61.0	39.0
5.9	10.0	90.0	7.1	67.0	33.0
6.0	12.3	87.7	7.2	72.0	28.0
6.1	15.0	85.0	7.3	77.0	23.0
6.2	18.5	81.5	7.4	81.0	19.0
6.3	22.5	77.5	7.5	84.0	16.0
6.4	26.5	73.5	7.6	87.0	13.0
6.5	31.5	68.5	7.7	89.5	10.5
6.6	37.5	62.5	7.8	91.5	8.5
6.7	43.5	56.5	7.9	93.0	7.0
6.8	49.5	51.0	8.0	94.7	5.3
6.9	55.0	45.0			

注:$Na_2HPO_4 \cdot 2H_2O$的相对分子质量为178.05,0.2 mol/L溶液含$Na_2HPO_4 \cdot 2H_2O$ 35.61 g/L;$NaH_2PO_4 \cdot 2H_2O$的相对分子质量为156.03,0.2 mol/L溶液含$NaH_2PO_4 \cdot 2H_2O$ 31.21 g/L。

十、磷酸盐缓冲溶液(PBS)

pH	$V(H_2O)$/mL	$m(NaCl)$/g	$m(Na_2HPO_4)$/g	$m(NaH_2PO_4)$/g
7.0	1000	8.5	2.2	0.4
7.2	1000	8.5	2.2	0.3
7.4	1000	8.5	2.2	0.2
7.6	1000	8.5	2.2	0.1

附录 C　常用有机溶剂的性质

名称	英文名称	结构式	相对分子质量	沸点/℃	折光度(20 ℃)	相对密度	极性指数	水中溶解度(质量分数)/(%)	毒性
甲醇	methanol	CH_3OH	32.04	64.7	1.329	0.791	5.1	100	有毒，神经、视力损害
乙醇	ethanol	H_3C　OH	46.07	78.6	1.360	0.789	4.3	100	微毒，麻醉
异丙醇	2-propanol	OH H_3C　CH_3	60.10	82.4	1.377	0.785	3.9	100	微毒，刺激，视力损害
正丁醇	1-butanol	HO　CH_3	74.12	117.7	1.394	0.809	4.0	0.43	低毒，麻醉
乙醚	diethyl ether	H_3C　O　CH_3	74.12	34.6	1.353	0.713	2.8	6.89	麻醉
乙酸	acetic acid	O H_3C　OH	60.05	117.9	1.372	1.049	6.2	100	低毒，刺激
乙腈	acetonitrile	CH_3CN	41.05	81.6	1.344	0.787	5.8	100	中毒，刺激
丙酮	acetone	O H_3C　CH_3	58.08	56.2	1.359	0.790	5.1	100	微毒，麻醉
二氯甲烷	dichloromethane	CH_2Cl_2	84.93	40	1.424	1.326	3.1	1.5	中毒，麻醉
氯仿	chloroform	$CHCl_3$	119.39	61.1	1.466	1.483	4.1	0.82	强麻醉，易转变为光气

续表

名称	英文名称	结构式	相对分子质量	沸点/℃	折光度（20 ℃）	相对密度	极性指数	水中溶解度（质量分数）/（%）	毒性
四氯化碳	carbon tetrachloride	CCl_4	153.82	76.5	1.399	1.594	1.6	0.08	中毒，心、肝、肾损害
乙酸乙酯	ethyl acetate	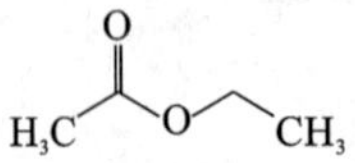 O H_3C O CH_3	88.11	77.1	1.372	0.900	4.4	8.7	低毒，麻醉
二甲亚砜	dimethyl sulfoxide	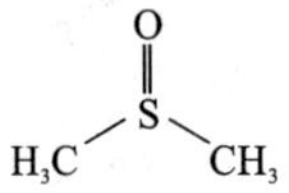 O S H_3C CH_3	78.13	189.0	1.478	1.101	7.2	100	微毒
N,N-二甲基甲酰胺	N,N-dimethylformamide	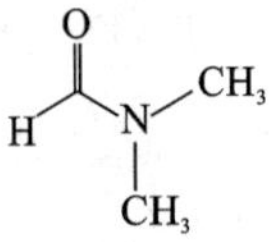 O H N CH_3 CH_3	73.10	153.0	1.431	1.430	6.4	100	低毒，刺激
四氢呋喃	tetrahydrofuran	 O	72.11	65	1.407	0.889	4.0	100	低毒，麻醉，肝、肾损害
吡啶	pyridine	 N	79.10	115.2	1.506	0.982	5.3	50	麻醉，刺激，肝、肾损伤
苯	benzene		78.12	80.1	1.501	0.878	2.7	0.18	中毒，神经、造血损害
甲苯	toluene	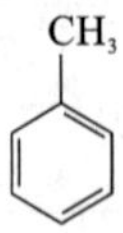 CH_3	92.14	110.6	1.496	0.866	2.4	0.051	低毒，刺激，神经损害
二氧六环	1,4-dioxane	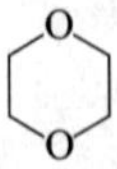 O O	88.11	101.2	1.422	1.032	4.8	100	微毒
环己烷	cyclohexane		84.16	81	1.426	0.780	0.2	0.01	微毒

附录 D　常用显色剂及其鉴别对象

显色剂名称	可鉴别化合物	配 制 方 法
茚三酮	氨基酸	1.5 g 茚三酮＋100 mL 正丁醇＋3.0 mL 乙酸
氯化铁	苯酚类化合物	1 g $FeCl_3$＋100 mL 0.5 mol/L HCl＋100 mL 50%乙醇水溶液
硫酸铈	生物碱	10 g 硫酸铈＋100 mL 15%硫酸溶液＋90 mL 水
二硝基苯肼(DNP)	醛和酮	12 g 二硝基苯肼＋60 mL 浓硫酸＋200 mL 乙醇＋80 mL 水
溴甲酚绿	羧酸，$pK_a \leqslant 5.0$	将 0.04 g 溴甲酚绿加入 100 mL 乙醇中，然后缓慢滴加 0.1 mol/L NaOH 水溶液，至刚好出现蓝色即止
高锰酸钾	含还原性基团(如羟基、氨基、醛基)的化合物	1.5 g $KMnO_4$＋10 g K_2CO_3＋1.25 mL 10% NaOH 溶液＋200 mL 水，使用期限 3 个月
桑色素(羟基黄酮)	广谱，有荧光活性	0.1 g 桑色素＋100 mL 水＋100 mL 甲醇
钼酸铈	广谱	0.5 g 钼酸铈氨＋12 g 钼酸氨＋235 mL 水＋15 mL 浓硫酸
香草醛(香兰素)	广谱	15 g 香草醛＋2.5 mL 浓硫酸＋250 mL 乙醇
磷钼酸(PMA)	广谱	10 g 磷钼酸＋100 mL 乙醇
茴香醛(对甲氧基苯甲醛)	广谱	3.7 mL 茴香醛＋135 mL 乙醇＋5 mL 浓硫酸＋1.5 mL 乙酸，剧烈搅拌，使其混合均匀

附录 E　常见溶剂的核磁共振氢谱数据

物　质	质　子	峰形[a]	$CDCl_3$	$(CD_3)_2CO$	$(CD_3)_2SO$	C_6D_6	CD_3CN	CD_3OD	D_2O
溶剂(残留峰)			7.26	2.05	2.50	7.16	1.94	3.31	4.79
水		s	1.56	2.84[b]	3.33[b]	0.40	2.13	4.87	
乙酸	CH_3	s	2.10	1.96	1.91	1.55	1.96	1.99	2.08
丙酮	CH_3	s	2.17	2.09	2.09	1.55	2.08	2.15	2.22
乙腈	CH_3	s	2.10	2.05	2.07	1.55	1.96	2.03	2.06
苯	CH	s	7.36	7.36	7.37	7.15	7.37	7.33	
叔丁醇	CH_3	s	1.28	1.18	1.11	1.05	1.16	1.40	1.24
	OH[c]	s			4.19	1.55	2.18		
叔丁醇甲基醚	CCH_3	s	1.19	1.13	1.11	1.07	1.14	1.15	1.21
	OCH_3	s	3.22	3.13	3.08	3.04	3.13	3.20	3.22
二叔丁基对甲酚	ArH	s	6.98	6.96	6.87	7.05	6.97	6.92	
	OH[c]	s	5.01		6.65	4.79	5.20		
	$ArCH_3$	s	2.27	2.22	2.18	2.24	2.22	2.21	
	$ArC(CH_3)_3$	s	1.43	1.41	1.36	1.38	1.39	1.40	
氯仿	CH	s	7.26	8.02	8.32	6.15	7.58	7.90	
环己烷	CH_2	s	1.43	1.43	1.40	1.40	1.44	1.45	
二氯乙烷	CH_2	s	3.73	3.87	3.90	2.90	3.81	3.78	
二氯甲烷	CH_2	s	5.30	5.63	5.76	4.27	5.44	5.49	
乙醚	CH_3	t,7	1.21	1.11	1.09	1.11	1.12	1.18	1.17
	CH_2	q,7	3.48	3.41	3.38	3.26	3.42	3.49	3.56
二甘醇二甲醚	CH_2	m	3.65	3.56	3.51	3.46	3.53	3.61	3.67
	CH_2	m	3.57	3.47	3.38	3.34	3.45	3.58	3.61
	OCH_3	s	3.39	3.28	3.24	3.11	3.29	3.35	3.37
乙二醇二甲醚	CH_3	s	3.40	3.28	3.24	3.12	3.28	3.35	3.37
	CH_2	s	3.55	3.46	3.43	3.33	3.45	3.52	3.60
二甲基乙酰胺	CH_3CO	s	2.09	1.97	1.96	1.60	1.97	2.07	2.08
	NCH_3	s	3.02	3.00	2.94	2.57	2.96	3.31	3.06
	NCH_3	s	2.94	2.83	2.78	2.05	2.83	2.92	2.90

续表

物质	质子	峰形[a]	$CDCl_3$	$(CD_3)_2CO$	$(CD_3)_2SO$	C_6D_6	CD_3CN	CD_3OD	D_2O
二甲基甲酰胺	CH	s	8.02	7.96	7.95	7.63	7.92	7.97	7.92
	CH_3	s	2.96	2.94	2.89	2.36	2.89	2.99	3.01
	CH_3	s	2.88	2.78	2.73	1.86	2.77	2.86	2.85
二甲基亚砜	CH_3	s	2.62	2.52	2.54	1.68	2.50	2.65	2.71
二氧六环	CH_2	s	3.71	3.59	3.57	3.35	3.60	3.66	3.75
乙醇	CH_3	t,7	1.25	1.12	1.06	0.96	1.12	1.19	1.17
	CH_2	q,7[d]	3.72	3.57	3.44	3.34	3.54	3.60	3.65
	OH	s[c,d]	1.32	3.39	4.63		2.47		
乙酸乙酯	CH_3CO	s	2.05	1.97	1.99	1.65	1.97	2.01	2.07
	CH_2CH_3	q,7	4.12	4.05	4.03	3.89	4.06	4.09	4.14
	CH_2CH_3	t,7	1.26	1.20	1.17	0.92	1.20	1.24	1.24
甲基乙基甲酮	CH_3CO	s	2.14	2.07	2.07	1.58	2.06	2.12	2.19
	CH_2CH_3	q,7	2.46	2.45	2.43	1.81	2.43	2.50	3.18
	CH_2CH_3	t,7	1.06	0.96	0.91	0.85	0.96	1.01	1.26
乙二醇	CH	s[e]	3.76	3.28	3.34	3.41	3.51	3.59	3.65
油脂[f]	CH_3	m	0.86	0.87		0.92	0.86	0.88	
	CH_2	br,s	1.26	1.29		1.36	1.27	1.29	
正己烷	CH_3	t	0.88	0.88	0.86	0.89	0.89	0.90	
	CH_2	m	1.26	1.28	1.25	1.24	1.28	1.29	
六甲基磷酰胺	CH_3	d,9.5	2.65	2.59	2.53	2.40	2.57	2.64	2.61
甲醇	CH_3	s[g]	3.49	3.31	3.16	3.07	3.28	3.34	3.34
	OH	s[c,g]	1.09	3.12	4.01		2.16		
硝基甲烷	CH_3	s	4.33	4.43	4.42	2.94	4.31	4.34	4.40
正戊烷	CH_3	t,7	0.88	0.88	0.86	0.87	0.89	0.90	
	CH_2	m	1.27	1.27	1.27	1.23	1.29	1.29	
异丙醇	CH_3	d,6	1.22	1.10	1.04	0.95	1.09	1.50	1.17
	CH	sep,6	4.04	3.90	3.78	3.67	3.87	3.92	4.02
吡啶	CH(2)	m	8.62	8.58	8.58	8.53	8.57	8.53	8.52
	CH(3)	m	7.29	7.35	7.39	6.66	7.33	7.44	7.45
	CH(4)	m	7.68	7.76	7.79	6.98	7.73	7.85	7.87
聚二甲基硅氧烷[g]	CH_3	s	0.07	0.13		0.29	0.08	0.10	

续表

物　质	质　子	峰形[a]	$CDCl_3$	$(CD_3)_2CO$	$(CD_3)_2SO$	C_6D_6	CD_3CN	CD_3OD	D_2O
四氢呋喃	CH_2	m	1.85	1.79	1.76	1.40	1.80	1.87	1.88
	CH_2O	m	3.76	3.63	3.60	3.57	3.64	3.71	3.74
甲苯	CH_3	s	2.36	2.32	2.30	2.11	2.33	2.32	
	CH(*o*/*p*)	m	7.17	7.1～7.2	7.18	7.02	7.1～7.3	7.16	
	CH(*m*)	m	7.25	7.1～7.2	7.25	7.13	7.1～7.3	7.16	
三乙胺	CH_3	t,7	1.03	0.96	0.93	0.96	0.96	1.05	0.99
	CH_2	q,7	2.53	2.45	2.43	2.40	2.45	2.58	2.57

注：上标 a 指谱图上峰的裂分状况：s 代表单重峰；t 代表三重峰；q 代表四重峰；m 代表多重峰；br 代表宽峰；d 代表双重峰；sep 代表七重峰。上标 b 指在这些溶剂中，分子间交换速率足够慢，通常还会观察到 HDO 峰。它在丙酮和 DMSO 中的浓度分别为百万分之 2.81 和百万分之 3.30。在前一种溶剂中，它通常被视为 1∶1∶1 的三重态，其中 $^2J_{H,D}=1$ Hz。上标 c 指来自可交换质子的信号并不总是被识别。上标 d 指在某些情况下（见注 a），可以观察到 CH_2 和 OH 质子之间的耦合相互作用（$J=5$ Hz）。上标 e 指在 CD_3CN 中，OH 质子在 δ 2.69 处被视为多重电子，亚甲基峰上也有明显的额外耦合。上标 f 指长链线性脂肪烃，它们在 DMSO 中的溶解度太低，无法产生可见峰。上标 g 指在某些情况下（见注 a、d），可以观察到 CH_3 和 OH 质子之间的耦合相互作用（$J=5.5$ Hz）。上标 h 指在 DMSO 中的溶解度太低，不能产生可见峰。

附录 F　常见溶剂的核磁共振碳谱数据[b]

物　质	碳	$CDCl_3$	$(CD_3)_2CO$	$(CD_3)_2SO$	C_6D_6	CD_3CN	CD_3OD	D_2O
溶剂(信号峰)		77.16±0.06	29.84±0.01 206.26±0.13	39.52±0.06	128.06±0.02	1.32±0.02 118.26±0.02	49.00±0.01	
乙酸	CO	175.99	172.31	171.93	175.82	173.21	175.11	177.21
	CH_3	20.81	20.51	20.95	20.37	20.73	20.56	21.03
丙酮	CO	207.07	205.87	206.31	204.43	207.43	209.67	215.94
	CH_3	30.92	30.60	30.56	30.14	30.91	30.67	30.89
乙腈	CN	116.43	117.60	117.91	116.02	118.26	118.06	119.68
	CH_3	1.89	1.12	1.03	0.20	1.79	0.85	1.47
苯	CH	128.37	129.15	128.30	128.62	129.32	129.34	
叔丁醇	C	69.15	68.13	66.88	68.19	68.74	69.40	70.36
	CH_3	31.25	30.72	30.38	30.47	30.68	30.91	30.29
叔丁基甲基醚	OCH_3	49.45	49.35	48.70	49.19	49.52	49.66	49.37
	C	72.87	72.81	72.04	72.40	73.17	74.32	75.62
	CCH_3	26.99	27.24	26.79	27.09	27.28	27.22	26.60
二叔丁基对甲酚	C(1)	151.55	152.51	151.47	152.05	152.42	152.85	
	C(2)	135.87	138.19	139.12	136.08	138.13	139.09	
	CH(3)	125.55	129.05	127.97	128.52	129.61	129.49	
	C(4)	128.27	126.03	124.85	125.83	126.38	126.11	
	CH_3Ar	21.20	21.31	20.97	21.40	21.23	21.38	
	CH_3C	30.33	31.61	31.25	31.34	31.50	31.15	
	C	34.25	35.00	34.33	34.35	35.03	35.36	
氯仿	CH	77.36	79.19	79.16	77.79	79.17	79.44	
环己烷	CH_2	26.94	27.51	26.33	27.23	27.63	27.96	
二氯乙烷	CH_2	43.50	45.25	45.02	43.59	45.54	45.11	
二氯甲烷	CH_2	53.52	54.94	54.84	53.46	55.32	54.78	
乙醚	CH_3	15.20	15.78	15.12	15.46	15.63	15.46	14.77
	CH_2	65.91	66.12	62.05	65.94	66.32	66.88	66.42

续表

物质	碳	$CDCl_3$	$(CD_3)_2CO$	$(CD_3)_2SO$	C_6D_6	CD_3CN	CD_3OD	D_2O
二甘醇二甲醚	CH_3	59.01	58.77	57.98	58.66	58.90	59.06	58.67
	CH_2	70.51	71.03	69.54	70.87	70.99	71.33	70.05
	CH_2	71.90	72.63	71.25	72.35	72.63	72.92	71.63
乙二醇二甲醚	CH_3	59.08	58.45	58.01	58.68	58.89	59.06	58.67
	CH_2	71.84	72.47	17.07	72.21	72.47	72.72	71.49
二甲基乙酰胺	CH_3	21.53	21.51	21.29	21.16	21.76	21.32	21.09
	CO	171.07	170.61	169.54	169.95	171.31	173.32	174.57
	NCH_3	35.28	34.89	37.38	34.67	35.17	35.50	35.03
	NCH_3	38.13	37.92	34.42	37.03	38.26	38.43	38.76
二甲基甲酰胺	CH	162.62	162.79	162.29	162.13	163.31	164.73	165.53
	CH_3	36.50	36.15	35.73	35.25	36.57	36.89	37.54
	CH_3	31.45	31.03	30.73	30.72	31.32	31.61	32.03
二甲基亚砜	CH_3	40.76	41.23	40.45	40.03	41.31	40.45	39.39
二氧六环	CH_2	67.14	67.60	66.36	67.16	67.72	68.11	67.19
乙醇	CH_3	18.41	18.89	18.51	18.72	18.80	18.40	17.47
	CH_2	58.28	57.72	56.07	57.86	57.96	58.26	58.05
乙酸乙酯	CH_3CO	21.04	20.83	20.68	20.56	21.16	20.88	21.15
	CO	171.36	170.96	170.31	170.44	171.68	172.89	175.26
	CH_2	60.49	60.56	59.74	60.21	60.98	61.50	62.32
	CH_3	14.19	14.50	14.4	14.19	14.54	14.49	13.92
甲基乙基酮	CH_3CO	29.49	29.30	29.26	28.56	29.60	29.39	29.49
	CO	209.56	208.30	208.72	206.55	209.88	212.16	218.43
甲基乙基酮	CH_2CH_3	36.89	36.75	35.83	36.36	37.09	37.34	37.27
	CH_2CH_3	7.86	8.03	7.61	7.91	8.14	8.09	7.78
乙二醇	CH_2	63.79	64.26	62.76	64.34	64.22	64.30	63.17
油脂	CH_2	29.76	30.73	29.2	30.21	30.86	31.29	
正己烷	CH_3	14.14	14.34	13.88	14.32	14.43	14.45	
	$CH_2(2)$	22.70	23.28	22.05	23.04	23.40	23.68	
	$CH_2(3)$	31.64	32.30	30.95	31.96	32.36	32.73	
六甲基磷酰胺[c]	CH_3	36.87	37.04	36.42	36.88	37.10	37.00	36.46
甲醇	CH_3	50.41	49.77	48.59	49.97	49.90	49.86	49.50
硝基甲烷	CH_3	62.50	63.21	63.28	61.16	63.66	63.08	63.22

续表

物　　质	碳	$CDCl_3$	$(CD_3)_2CO$	$(CD_3)_2SO$	C_6D_6	CD_3CN	CD_3OD	D_2O
正戊烷	CH_3	14.08	14.29	13.28	14.25	14.37	14.39	
	$CH_2(2)$	22.38	22.98	21.7	22.72	23.08	23.38	
	$CH_2(3)$	34.16	34.83	33.48	34.45	34.89	35.30	
异丙醇	CH_3	25.14	25.67	25.43	25.18	25.55	25.27	24.38
	CH	64.50	63.85	64.92	64.23	64.30	64.71	64.88
吡啶	CH(2)	149.90	150.67	149.58	150.27	150.76	150.07	149.18
	CH(3)	123.75	124.57	123.84	123.58	127.76	125.53	125.12
	CH(4)	135.96	136.56	136.05	135.28	136.89	138.35	138.27
聚二甲基硅氧烷	CH_3	1.04	1.40		1.38		2.10	
四氢呋喃	CH_2	25.62	26.15	25.14	25.72	26.27	26.48	25.67
	CH_2O	67.97	68.07	67.03	67.80	68.33	68.83	68.68
甲苯	CH_3	21.46	21.46	20.99	21.10	21.50	21.50	
	C(*i*)	137.89	138.48	137.35	137.91	138.90	138.85	
	CH(*o*)	129.07	129.76	128.88	129.33	129.94	129.91	
	CH(*m*)	128.26	129.03	128.18	128.56	129.23	129.20	
	CH(*p*)	125.33	126.12	125.29	125.68	126.28	126.29	
三乙胺	CH_3	11.61	12.49	11.74	12.35	12.38	11.09	9.07
	CH_2	46.25	47.07	45.74	46.77	47.10	46.96	47.19

注：上标 b：见附录 E 注。上标 c：$^2J_{PC}=3$ Hz。

（郑碧远编写附录 A～附录 D，李兴淑编写附录 E、附录 F）

参考文献

[1] 孟江平,张进,徐强.制药工程专业实验[M].北京:化学工业出版社,2015.

[2] 刘娥.制药工程专业实验[M].北京:化学工业出版社,2016.

[3] 李瑞芳,张贝贝.制药工程专业实验教程[M].北京:科学出版社,2018.

[4] 周志昆,苟占平.药学实验指导[M].北京:科学出版社,2010.

[5] 李俊,张冬梅,陈钧辉.生物化学实验[M].6版.北京:科学出版社,2020.

[6] 朱圣庚,徐长法.生物化学[M].4版.北京:高等教育出版社,2016.

[7] 王金亭,方俊.生物化学实验教程[M].2版.武汉:华中科技大学出版社,2020.

[8] 王元秀,朱长俊.生物化学实验[M].2版.武汉:华中科技大学出版社,2022.

[9] 汪晓峰,杨志敏.高级生物化学实验[M].北京:高等教育出版社,2010.

[10] 刘箭,杜希华.生物化学实验教程[M].4版.北京:科学出版社,2022.

[11] 祁元明.生物化学实验原理与技术[M].北京:化学工业出版社,2011.

[12] 董晓燕.生物化学实验[M].3版.北京:化学工业出版社,2021.

[13] 袁榴娣.生物化学实验指导[M].2版.南京:东南大学出版社,2014.

[14] 徐跃飞,孔英.生物化学与分子生物学实验教程[M].2版.北京:科学出版社,2017.

[15] 殷冬梅.医学生物化学与分子生物学实验[M].北京:科学出版社,2019.

[16] 尤启冬.药物化学[M].4版.北京:化学工业出版社,2021.

[17] 天津大学,等.制药工程专业实验指导[M].北京:化学工业出版社,2005.

[18] Qiu J Z, Wang D C, Zhang Y, et al. Molecular modeling reveals the novel inhibition mechanism and binding mode of three natural compounds to staphylococcal α-hemolysin [J]. Plos One, 2013, 8(11): 1-11.

[19] Liu R M, Xu L L, Li A F, et al. Preparative isolation of flavonoid compounds from oroxylum indicum by high-speed counter-current chromatography by using ionic liquids as the modifier of two-phase solvent system[J]. Journal of Separation Science, 2010, 33(8): 1058-1063.

[20] Thuan N H, Park J W, Sohng J K. Toward the production of flavone-7-O-β-d-glucopyranosides using arabidopsis glycosyltransferase in *Escherichia coli*[J]. Process Biochemistry, 2013, 48(11): 1744-1748.

[21] Chen H J, He G H, Li C L, et al. Development of a concise synthetic approach to access oroxin A[J]. RSC Advances, 2014, 4(85): 45151-45154.

[22] 杨广德,傅强.药学实验指导[M].西安:西安交通大学出版社,2013.

[23] 赵地顺.相转移催化原理及应用[M].北京:化学工业出版社,2007.

[24] Eberhardt J, Santos-Martins D, Tillack A F, et al. AutoDock Vina 1.2.0: new docking methods, expanded force field, and python bindings[J]. Journal of Chemical Information

and Modeling,2021,61(8):3891-3898.

[25] Trott O,Olson A J. AutoDock Vina:improving the speed and accuracy of docking with a new scoring function, efficient optimization and multithreading[J]. Journal of Computational Chemistry,2010,31(2):455-461.

[26] Bollag G,Hirth P,Tsai J,et al. Clinical efficacy of a RAF inhibitor needs broad target blockade in BRAF-mutant melanoma[J]. Nature,2010,467(7315):596-599.

[27] 潘卫三,杨星钢. 工业药剂学[M]. 4 版. 北京:中国医药科技出版社,2019.

[28] 国家药典委员会. 中华人民共和国药典[M]. 2020 年版. 北京:中国医药科技出版社,2020.

[29] 龙晓英,房志仲. 药剂学:案例版[M]. 北京:科学出版社,2009.

[30] 李锐,李香凤. 红外分光光度法鉴别维生素 C 片[J]. 中南药学,2007,5 (4):344-345.

[31] 俞俊棠,唐孝宣,邬行彦,等. 新编生物工艺学:下册[M]. 北京:化学工业出版社,2003.

[32] 于平,励建荣,焦炳华. 螺旋藻多糖分离纯化工艺优化[J]. 中国食品学报,2008,8(4):80-84.

[33] 周建平. 药剂学实验与指导[M]. 北京:中国医药科技出版社,2007.

[34] 郑允权. 红曲霉不同色素组分的代谢调控、分离纯化及其抗癌药效学研究[D]. 福州:福州大学,2010.

[35] 信亚文,郑允权,石贤爱,等. 红曲霉菌液相培养高产色素低产桔霉素的代谢调控研究[J]. 工业微生物,2011,41(1):46-50.

[36] Adin S N, Gupta I, Panda B P, et al. Monascin and ankaflavin—biosynthesis from *Monascus purpureus*, production methods, pharmacological properties: a review [J]. Biotechnology & Applied Biochemistry,2023,70(1):137-147.

[37] Osmanova N, Schultze W, Ayoub N. Azaphilones: a class of fungal metabolites with diverse biological activities[J]. Phytochemistry Reviews,2010,9(2):315-342.

[38] Li Y,Yao J Y,Han C Y,et al. Quercetin,inflammation and immunity[J]. Nutrients,2016,8(3):167.

[39] Rauf A,Imran M,Khan I A,et al. Anticancer potential of quercetin:a comprehensive review[J]. Phytotherapy Research,2018,32(11):2109-2130.

[40] Larson A J,Symons,J D,Jalili T. Quercetin:a treatment for hypertension? —A review of efficacy and mechanisms[J]. Pharmaceuticals,2010,3(1):237-250.

[41] Okamoto T. Safety of quercetin for clinical application (review)[J]. International Journal of Molecular Medicine,2005,16(2):275-278.

[42] Larson A J,Symons J D,Jalili T. Therapeutic potential of quercetin to decrease blood pressure:review of efficacy and mechanisms[J]. Advances in Nutrition,2012,3(1):39-46.

[43] Kordkheyli V A,Tarsi A K,Mishan M A,et al. Effects of quercetin on microRNAs:a mechanistic review[J]. Journal of Cellular Biochemistry,2019,120(8):1-15.

[44] Bule M,Abdurahman A,Nikfar S,et al. Antidiabetic effect of quercetin:a systematic review and meta-analysis of animal studies[J]. Food and Chemical Toxicology,2019,125:494-502.

[45] 韦琨. 制药工程专业实验[M]. 北京:高等教育出版社,2021.
[46] 姚其正,王亚楼. 药物合成基本技能与实验[M]. 北京:化学工业出版社,2008.
[47] Gottlieb H E, Kotlyar V, Nudelman A. NMR chemical shifts of common laboratory solvents as trace impurities[J]. Journal of Organic Chemistry, 1997, 62(21): 7512-7515.